엄마표 현실 독서법

엄마표 현실 독서법

초 판 1쇄 2023년 03월 29일

지은이 백진경
펴낸이 류종렬

펴낸곳 미다스북스
총괄실장 명상완
책임편집 이다경
책임진행 김가영, 신은서, 임종익, 박유진

등록 2001년 3월 21일 제2001-000040호
주소 서울시 마포구 양화로 133 서교타워 711호
전화 02) 322-7802~3
팩스 02) 6007-1845
블로그 http://blog.naver.com/midasbooks
전자주소 midasbooks@hanmail.net
페이스북 https://www.facebook.com/midasbooks425
인스타그램 https://www.instagram/midasbooks

ISBN 979-11-6910-192-9 03590

값 **15,000원**

미다스북스는 다음세대에게 필요한 지혜와 교양을 생각합니다.

생각이 말랑말랑해지고 자신을 찾게 되는

엄마표 현실 독서법

백진경 지음

미다스북스

엄마에게 책 읽을 시간이 있을까요?

저는 책과 거리가 아주 멀었던 사람입니다. 교과서 말고는 읽어본 책이 손에 꼽힐 정도였지요. 그런데 주변을 둘러보니 저와 같은 사람이 생각보다 많다는 것을 알았습니다. 맞아요. 우리 엄마들은 '책'이라는 것이 중요하다는 것을 잘 알고 있고, 아이들의 독서 교육에는 심지어 열을 올릴 정도지만 정작 엄마 자신의 책 읽기에는 소홀한 모습을 쉽게 볼 수 있습니다.

왜 그럴까요? 저의 경우를 먼저 가만히 생각해보았습니다. 책을 읽지 않았던 때를 떠올려봅니다. 첫째는 책 읽을 시간이 없다는 이유, 둘째는 하고 있던 공부나 사람들과의 약속 등 우선순위에서 밀린 이유, 셋째는 책 살 돈이 아깝다는 이유 정도를 꼽을 수 있을 것 같습니다. 특히 아이를 낳고 육아를 하다 보니 책을 읽지 않는 이유 하나가 더 추가되었지요. 아이 돌보기도 바쁘고 정신없는 와중에 책을 읽는다니……. 그리고 아이가 낮잠을 자는 시간에는 아이 물건들을 최저가로 검색해서 주문도 해야 하고, 그동안 밀린 드라마도 보아야 하는 등 지금 내가 해야 할 일과 하고 싶은 일이 얼마나 많은데 무슨 독서를 하나 싶었습니다. 그렇게 책은 늘 제 인생의 우선순위에서 밀려났습니다.

그러던 어느 날, 쉬지 않고 반복되는 육아를 하다가 이런 생각이 들었습니다. '이럴 때 육아서는 어떻게 하라고 할까?'라는 생각 말이지요. 지금 내 답답한 상황을 육아서를 통해서라도 해결하고 싶었습니다. 그렇게 책을 읽기 시작했어요. 육아 전문가와 선배 엄마들이 쓴 책을요. 마음에 끌리는 제목의 책을 찾아 한두 권을 읽어보았습니다. 그 책이 저에게 도움이 되었을까요? 물론 그 당시에는 도움이 되었던 것 같습니다. 제가 '그런 것 같다.'라는 표현을 쓰는 이유는 책을 읽었을 당시에는 지금 나의 상황에 위로가 되고 의지가 불끈 솟아올라 '엄마로서 최선을 다해야겠다.'라는 생각이 들었거든요. 그런데요, 그런 저의 생각은 오래가지 않았습니다. 책을 읽었을 때뿐이었지요. 그렇게 책에서 다시 점점 멀어졌습니다.

두 번의 출산을 겪은 후, 제 인생에서 정말 지옥같이 힘들었던 시기가 있었습니다. 모든 것들이 바닥까지 치달았어요. 그때 저는 거의 살고자 하는 심정으로 다시금 책을 집어 들었습니다. 지푸라기라도 잡고 싶은 간절한 마음으로요. 그렇게 또 한 번 책과 마주하게 되었습니다. 심리학에 관한 책이었습니다. 처음 육아서를 접했을 때처럼 책은 저를 위로해주었어요. 내가 듣고 싶은 말을 조곤조곤 해주는 그 책들이 참 따뜻했습니다. 그렇게 책을 통해 마음을 다잡아가던 어느 날, 책을 읽으며 '생각'이라는 것을 하는 저를 발견했습니다. 마음속에 남겨두고 싶은 문장에 밑줄을 긋고, 집 안에 굴러다니던 작은 수첩을 집어 들어 책 속의 문장들을 메모하기 시작했어요. 그리고 생각이 날 때마다, 위로받고 싶을 때마다 꺼내어 읽어보았습니다. 그렇게 집에 책이 쌓여갔고 필사한 수첩들도 함께 늘어났어요. 책 속의 이야기들을 통해 또 다른 세상을 경험을 해 나갔습니다.

이제는 책 읽을 시간이라는 것을 따로 정하지 않습니다. 특히 두 아이를 키우는 일상 속에서 독서할 시간을 뺀다는 것은 책이 후순위로 밀려날 확률이 높다는 걸 너무나 잘 알기 때문이에요. 그래서 틈이 나는 대로 책을 읽기로 했습니다. 아이들이 놀이하는 시간, DVD를 보는 시간, 밥을

엄마표 현실 독서법

하는 시간, 아이들이 기관에 가 있는 시간, 심지어 아이들을 데리고 외출할 때도 틈이 나면 책을 손에서 놓지 않고 '닥치는 대로' 읽었습니다. 그러다 보니 책이 일상이 되었고 더 좋은 점은 그런 저의 모습을 보고 아이들이 잠깐이라도 책을 꺼내 본다는 것입니다. 엄마에게 책 읽을 시간은 생각보다 많다는 것을 깨달았습니다. 그리고 육아를 하면서도 충분히 독서를 할 수 있다는 사실이 놀라웠습니다.

이 책에서는 육아만 하기도 바쁜 엄마가 '굳이' 독서를 하는 이유와 뒤늦게나마 책과 친해질 수 있었던 방법 그리고 현실과 타협하는 독서 실천 방법을 이야기하고자 합니다. 육아로 정신없는 엄마들이 일상에서 독서를 실천하는 데에 이 책이 아주 작은 도움이 되기를 바라며, 어느 평범하고 꿈 많은 엄마가 자신의 이야기를 펼칩니다.

2023 어느 봄날 책으로 꿈꾸는 엄마 백진경

목차

Chapter 1.
엄마의 마음 : 엄마인 내가 책을 읽는 이유

책 한 권에는 저자가 들려주고 싶은 이야기가 담겨 있습니다.

저자의 이야기를 받아들일지 말지는 그 책을 읽는 독자가 결정하는 것이지요.

엄마의 마음 :
엄마인 내가 책을 읽는 이유

1.

불안한 엄마, 단단해지다

아이를 낳고 보니 어느새 나는 뒷전이 되고 모든 것을 아이에게 맞추었습니다. 그만큼 아이에 대한 걱정과 불안도 늘어났지요. 아이가 아플 때는 하루가 멀다 하고 병원에 다니고, 밥을 잘 먹지 않을 때는 무엇을 먹이는 게 좋을지 찾아보았습니다. 또 아이의 훈육을 해야 할 때는 어떻게 하는 게 현명한지 생각하며 내가 하는 육아가 옳은 방향인지에 대해 매일 고민했던 것 같습니다. 나 자신보다는 늘 내 아이가 먼저였지요. 그럼에도 불구하고 아이에 대한 고민은 끝이 없었고 불안하기만 했습니다. 사실 그 불안한 것에 대한 해결 방법을 찾는 것도 어려웠고, 찾더라도 그 방법대로 되지 않는 경우가 많아 난감했지요. '내가 너무 많은 것을 잘하려고 하는 걸까?'라는 생각이 들었고, '아, 이래서 육아는 현실이구나!' 싶었습니다.

그래도 내 아이들의 엄마인 이상 육아를 손에서 놓을 수 없었습니다. 그런 순간에, 저에게 도움이 되는 것이 바로 '책'이었습니다. 책을 읽으며 알게 되었습니다. 나의 불안을 부정적인 것으로만 받아들이는 것보다 적절한 긴장 상태를 유지하는 것으로 받아들이는 것이 나에게 도움이 된다는 것. 그리고 불안이라는 것을 꼭 없애고 해결해야만 한다는 생각이 오히려 나에게 독이 될 수 있다는 것을요. 육아 정보가 난무하는 요즘, 소위 '팔랑귀'이기도 한 저는 여기저기서 들려오는 정보에 귀가 솔깃해질 때가 참 많았습니다. 하지만 그럴 때마다 육아서를 읽는 것이 중심을 바로 잡을 수 있게 해주었고 나와 아이만을 생각하고 앞으로 나아갈 수 있었습니다. 막상 현실에 부딪히면 또다시 상황에 휩쓸리고 새로운 정보에 혹할 때도 있지만요. '이럴 때는 어떻게 마음을 먹어야 할까?' 하고 다시 책을 찾아보면서 그런 저의 마음을 조금씩 다잡았습니다.

엄마니까 불안한 것은 당연합니다. 그리고 불안하기 때문에 책을 읽어야 한다고 생각합니다. 인터넷을 검색하고 주위 엄마들에게 고민을 털어놓는 것보다 불안할수록 책이라는 것을 집어 드는 것입니다. 책을 읽으며 나에게 스스로 생각하고 고민할 시간을 주고 스스로 결정하는 시간을 갖습니다. 책은 그렇게 조용히 저를 단단하게 해주고 또 지켜주었습니다. 나의 불안을 받아들이게 해주었고 그 불안으로부터 중심을 바로 잡을 수 있게 도와주었어요. 지금 내가 불안하다면 조금이라도 관련된 책을 찾고, 그 안에서 불안을 다스리는 시간이 필요합니다. 내가 마음이 좋지 않은 날은 아이들에게 하는 말 한마디, 보이는 행동 하나에도 여유로울 수가 없습니다. 나의 불안을 아무리 겉으로 표현하지 않는다고 해도 어느새 내 아이에게 고스란히 전해집니다. 엄마의 부정적인 감정을 느낀 아이 역시 마음이 편할 리가 없지요. 아이에게 엄마가 불안이라는 감정을 보여줄 수는 있지만 그 불안을 어떻게 다스려 나가는지 보여주는 과정이 더 중요하다고 생각합니다. 사실 우울을 겪었던 시기, 첫째 아이에게 모질게 말하고 소리를 지른 적이 많았습니다. 그러던 어느 날 아이는 자신도 모르게 엄마의 소리 지르는 행동을 그대로 따라 했습니다. 저는 그날 처음으로 아이의 행동이 무서웠습니다. '내가 아이에게 무슨 짓을 한 거지?'라는 생각과 함께 눈앞이 캄캄했습니다. 내 아이의 마음까지 아프게 하고 싶지 않았어요. 그래서 내가 먼저 변해야 한다는 생각에 책을 더욱 붙잡고 내 마음에 집중하겠다고 마음먹었습니다. 나의 행동과 말투 하나하나를 모두 배우고 따라 하는 아이를 바라보면 감정을 관리하는 모습도 나를 통해 배우게 될 것임을 너무나 잘 알았기 때문입니다. 나를 위해서도 내 아이를 위해서도 내가 나의 감정을 알고 다스리는 연습을 수없이 했습니다.

지금 당장 손에 집히는 책을 읽습니다. 현재 나의 감정과 관련이 없는 책이어도 좋아요. 책을 읽다 보면 내용에 빠져 그 불안은 잠시 뒤로 물러날 수도 있고, 만약 그렇지 않다면 지금 나의 감정과 관련된 책을 찾아요. 그리고 읽습니다. 책을 통해 공감받고 나 자신을 위로하며 더 나아가 불안을 다스리는 방법을 배워나갑니다. 단 한 번의 책 읽기로는 되지 않아요. 책을 읽어도 처음에는 불안이 나도 모르게 불쑥불쑥 튀어나옵니다. 하지만 책을 계속 읽다 보면 생각지 못한 포인트에서 나의 감정이 해결되기도 하고 더 나아진 나의 모습을 발견하게 되기도 합니다. 지금 나의 마음이 불안으로 가득 차 있다면 나 자신에게 스스로 생각할 수 있는 시간을 허락해주세요. 그 시간은 책을 통했을 때 주위의 영향에 휩쓸리지 않고 내 중심을 바로잡을 수 있다고 생각합니다. 나를 위해서도 내 아이를 위해서도 책 읽기는 계속되어야 합니다.

2

엄마이지만 '나'이고 싶다

나는 혼자서 생각해 봐요.

내가 되고 싶은 사람은

어떤 사람일까?

나는 그냥 사람 같은 사람이

되고 싶어요.

그냥 내가 되고 싶어요.

– 나태주, 「되고 싶은 사람」, 시집 『엄마가 봄이었어요』 중에서

시인 나태주 님의 동시집에 수록되어 있는 「되고 싶은 사람」의 일부 구절입니다. 예전에 아이에게 이 동시를 읽어주다가 '어른이 된 나는 지금 어떤 사람일까?'라는 생각이 들어 한참을 들여다보았던 기억이 납니다.

어렸을 때는 무엇이든 꿈꿀 수 있는 나이임에도 불구하고 딱히 명확한 꿈이 없었습니다. 그저 다른 사람들이 하는 것을 보고 공부는 당연히 해야 하는 것, 대학도 당연히 가야 하는 것으로 생각했습니다. 정확히 말하면 나의 주관을 내세우기보다 다른 사람을 따라가는 삶을 선택했던 것이지요. 그런 삶의 자세에는 저의 성격도 어느 정도 영향을 미쳤던 것 같습니다. 내성적이고 정적인 것을 좋아하는 저는 복잡스럽기보다 조용함을 선택했고 다양함보다는 편향된 생각을 주로 하였으니까요. 어렸을 때나 어른이 되고 난 지금이나 그 성격은 여전히 같습니다. 그래서일까요. 아이들도 엄마를 닮아가는지 밖에 나가면 쑥스러움을 많이 타고 정적인 활동을 좋아하는 편입니다. 물론 아이들이니 뛰어놀 때는 신나게 뛰어놀지만요. 대체적으로 조용한 성격이라는 생각이 듭니다.

사실 저의 이런 조용한 성격 덕에 저는 책에 보다 쉽게 다가갈 수 있었습니다. 활발한 성격이 아니니 힘들었던 순간의 감정을 신나게 뛰어놀거

나 시끌벅적한 곳에 가서 푸는 것은 나와 맞지 않는다고 생각했어요. 오히려 내 마음을 다스릴 수 있는 '더' 조용한 곳을 찾았습니다. 그곳이 바로 책이 있는 서점이었던 것이지요. 본래 책을 즐겨 읽는 사람은 아니었지만, 내가 힘드니 책을 찾게 되었고 생각을 다잡고자 책 속의 문장들을 읽어나갔습니다. 두 번의 출산 후, 예상치 못하게 찾아온 우울증으로 마음이 바닥까지 꺼져버렸을 때 집어 든 책 한 권, 이종선 님의 『넘어진 자리마다 꽃이 피더라』라는 책은 제 마음속 깊이 남아 있습니다. 그리고 저의 책장 한 곳에 지금도 고스란히 꽂혀 있지요. 나에게 '인생 책'이 된 그 책을 기점으로 독서라는 것을 꾸준히 하게 되었습니다. 저의 경우와 같이 성향과 취향으로 인해 책에 더 쉽게 접근할 수도 있지만, 제가 말씀드리고 싶은 것은 독서를 통해 얻은 것들입니다. 책을 가까이 두어 독서를 맛보고 그 이점을 깨달을수록 나의 인생이 긍정적인 방향으로 변한다는 것에 이제는 확신이 듭니다. 저는 책을 통해 '나'를 찾았습니다. 누구의 인생을 따라가는 것이 아닌 나 자신을 믿고 채워가는 시간을 선택한 결과였어요. 바로 책을 통해서요. 나태주 시인의 말처럼 '그냥 내가 되는 순간'이었습니다.

지금도 세상에는 수많은 책들이 쏟아져 나오고 있습니다. 그리고 그 책들은 메시지를 전하지요. 내가 '생각'이라는 것을 하도록. 분명 책 속의 활자들은 어떠한 메시지를 일방적으로 전달하고 있습니다. 그러나 그 메시지는 나에게 생각할 거리를 던져주고 있으니, 독서는 마치 대화와 같습니다. 진정한 의미의 '나'를 되찾기 위해 오늘도 책을 집어 들고 한 문장, 한 문장을 조용히 읽어 내려갑니다. 독서라고 해서 한 권을 다 읽어 내겠다는 거창한 계획을 세우거나 단숨에 많이 읽지 않아도 괜찮습니다. 내가 만든 나를 위한 시간에 단 한 문장이라도 골똘히 생각하며 마음속에 새긴다면 그것으로 충분합니다. 그렇게 그냥 내가 되어가는 순간을 느낍니다.

3.

나를 지켜주는 삶의 태도

"나는 그대들에게 초인을 가르치노라.

인간은 극복되어야 할 그 무엇이다.

인간을 극복하기 위해 그대들은 무엇을 하였는가?"

　　− 프리드리히 니체『차라투스트라는 이렇게 말했다』중에서

　고대 페르시아의 예언자인 차라투스트라의 이름을 빌려 쓴 책, 프리드리히 니체의 『차라투스트라는 이렇게 말했다』내용 중에서 가장 기억에 남는 문장입니다. 이 문장에서 말하는 초인은 독일어인 '위버멘시'를 말

하는데 '건너가는 자', '넘어가는 자'를 의미합니다. 니체는 우리에게 자기를 극복하기 위해서 무엇을 하고 있는지 묻고 있습니다. 즉, 위버멘시를 향한 노력을 묻는 부분이지요.

저는 이 부분을 읽으며, 나는 나 자신을 극복하길 원하면서 나에게 주어진 지금 이 순간에 무엇을 하고 있는지에 대한 생각을 했습니다. 내가 원하고 추구하는 삶을 살기 위해 매일 필사하고 책을 읽으며 글을 썼던 시간이 떠올랐어요. 혼자서 하나씩 해나가면서 달리기도 하고 때로는 멈추기도 했습니다. 아이들이 있다 보니 온종일 나를 위한 시간을 내기가 어려워 아이들이 잠든 새벽을 활용했고, 그 새벽이 저에게 살아가는 힘이 되어주었지요. 니체가 말한 위버멘시로 향하기 위해 걱정 많고 현재를 후회하며 늘 박혀 있던 삶에서 벗어나, 이제는 내가 원하는 꿈을 향해 가는 길에 놓여 있습니다. '극복'이라는 것이 나 자신이 아니면 해낼 수 없다는 것도 이 문장을 읽으며 절실히 깨달았지요.

아이들의 엄마로 살아가면서 맺게 되는 사람들과의 관계, 아이들 문제로 인한 고민 등 엄마로서 내가 겪어야 할 문제들이 참 많았습니다. 터놓고 이야기할 수 있는 친구들도 몇 안 되지만, 그 친구들마저 지금은 다른 아이의 엄마가 되었습니다. 서로 얼굴을 보고 만나 이야기를 나누기에는 각자의 상황과 처지를 너무나 잘 알기에 더는 그럴 수도 없었지요. 결국에는 나 혼자 겪어내고 나 혼자 극복해야 했습니다. 그러던 중 다행히도 책이라는 것을 아이들의 엄마가 된 후 '새롭게' 다시 만나게 되면서 인생의 멘토로 삼게 되었습니다. 책을 통해서라면 시간을 거슬러 고대의 철학자들의 깊은 생각을 들을 수도, 육아 선배들의 현실적인 조언을 들을 수도 있었지요. 그렇게 책은 내가 인생을 살아가는 데 필요한 정보뿐만 아니라 가치를 알려주었고 나를 지켜주는 삶의 태도를 지니도록 해주었습니다.

지금 나의 현실에서 좀 더 앞으로 나아가고 싶은데 그럴 수 없을 때가 참 많습니다. 저는 제가 낳은 아이들을 돌보아야 했고 그러다 보니 아이들에게 모든 것을 맞춰가게 되었어요. 마치 내 인생은 내려놓고 아이들 틈에 끼워 맞춰진 삶을 살게 된 것 같았지요. 솔직히 억울한 마음도 들었습니다. 나를 내려놓게 되고 나를 위해 할 수 있는 것이 이제는 별로 없다고 생각했기 때문에요. 하지만 초점이 잘못되었음을 알았습니다. 내가 처한 상황 속에서 내가 '못 하는' 것이 아니라 '할 수 있는' 것에 집중해야 한다는 것을요. 지금 이 육아 상황 속에서 내가 나를 위해 할 수 있는 것은 나 자신을 찾고 잃지 않아야 한다는 것이었습니다. 누군가의 엄마라고 해서 꼭 모든 것을 내려놓고 희생하지 않아도 된다는 것을 깨달았습니다. 그래서 책을 읽었습니다. 나를 찾기 위해, 나를 지키기 위해, 나를 사랑하기 위해서요. 그렇게 다듬어진 나는 아이들에게 전보다 마음을 다할 수 있었고 지금 내 인생이 누군가를 위해 희생하는 삶이 아닌 아이들과 함께 성장해가는 중임을 알았습니다.

니체의 책을 통해 생각이 바뀌었던 것처럼 책 한 권, 아니 책 속의 한 문장을 통해서도 생각이 전환되어 삶의 가치를 배웁니다. 나를 지키기 위해 어떤 삶의 태도를 지녀야 하는지를 니체가 말해줍니다. 니체가 아닌 수많은 또 다른 철학자들이 책 속에서 나에게 이야기해줍니다. 그리고 책을 통해 배운 가치를 내 삶에 적용합니다. 그렇게 다듬어진 내가 아이를 키웁니다. 엄마가 책을 읽어야 하는 이유는 여기에 있습니다.

나의 아이들이 당장 니체의 책과 같은 고전을 읽을 수는 없지만, 아이들에게 그 가치는 전해줄 수 있습니다. 그리고 언젠가는 엄마와 함께 니체를 읽으며 깊은 생각을 나눌 수도 있을 테고요. 먼 훗날 오게 될 그런 날을 생각하며 오늘도 책 속의 저명한 학자들의 이야기를 읽습니다. 한 문장, 한 문장을 곱씹으면 그 활자들이 천천히 내 마음속에 스며들어 갑니다.

4.

엄마의 자존감을 높이는 시간

아이들과 있는 시간이 많은 '전업맘'으로서 '나의 시간'이란 참 사치스럽게 느껴질 때가 많았습니다. 아이들을 먹이고 돌보기도 바쁜데 그 안에서 나만을 위한 시간을 갖는다는 것이 말이 되지 않는다고 생각했어요. 지금 내 인생에는 누군가의 '엄마'만 있지, '나'라는 사람은 잊힐 때가 많았고, 그렇게 나를 잃어갔습니다. 그런데 결정적인 것은 내가 아이들에게 이렇게 집중하고 온 신경을 쏟아도 나의 이러한 노력이 한순간에 짓밟혀버리는 순간이 있다는 것이었어요. 바로 내 아이가 엄마에 대한 원망을 드러낼 때였습니다.

"엄마 미워! 엄마 때문이야! 엄마가 사라져버렸으면 좋겠어!"

나에게 사라져버렸으면 좋겠다니, 한 번만 들어도 충격적인 말을 아이는 엄마에게 화가 날 때마다 쏟아놓던 때가 있었습니다. 아이가 화가 나서 홧김에 한 말이라는 것을 잘 알면서도 그 말을 듣는 순간에는 분통이 터졌지요. '내가 이런 말까지 들을 정도로 그렇게 잘못했나?'라는 생각에 그 말을 몇 번이나 곱씹었는지 모릅니다. 못난 엄마라는 생각이 드니 그동안 엄마로서 노력했던 순간들이 한순간에 물거품이 되는 것 같고 그렇게 자존감은 저 밑으로 푹푹 꺼져만 갔습니다.

이대로는 안 되겠다 싶었고, 나를 찾아야겠다고 결심했습니다. 하지만 아이를 키우는 현실은 그런 나의 결심조차 실천해내기가 어려웠습니다. '지금 나에게 주어진 상황 속에서 할 수 있는 것은 무엇일까?'를 고민했어요. 똑같은 육아 상황과 똑같은 감정들을 거치면서 알아낸 방법이 바로 '독서'였습니다. 육아 속에서 가장 현실적이고 실천 가능한 것이 책 읽기라고 생각했어요. 내가 아이와 어디에서 무엇을 하든지 늘 내 곁에 둘 수 있고 필요할 때마다 읽어볼 수 있기 때문에 휴대성이 좋고 편리하기까지 했지요. 책은 나의 마음을 다독여주었고 좀 더 나은 방향으로 이끌어주었습니다. 모든 것이 책대로 되지 않을지라도 책을 읽는 그 순간만큼은 내 마음을 가라앉히고 나를 다시 높이는 시간이 되어 주었습니다.

나와 내 아이가 별 탈 없이 건강하게 하루를 보내는 것만으로도 참 감사한 일입니다. 내 아이의 모습을 곁에서 바라보고 있으면 행복할 때가 참 많아요. 하지만 육아라는 것이 반복되다 보면 그 일상에 지칠 수밖에 없습니다. 아이와의 갈등까지 생기면 정말이지 한숨이 푹푹 나오는 것은 당연합니다. 자존감이 저 바닥까지 꺼지지요. 이럴 때 내 손에 쥐어지는 책 한 권은 나를 위로해주기에 충분한 도구이고, 독서는 내 마음을 들여다보기에 최적의 방법이라는 것을 절실히 느낍니다. 그 잠깐의 독서가 모여 지금의 나를 만들었고 앞으로 내 인생에 있어서 크고 작은 변화를 가져다줄 것이라고 생각합니다.

우리는 무엇을 하든 '나'를 돌아보는 시간이 필요합니다. 나의 내면에 집중하는 시간이 필요합니다. 엄마인 나의 자존감을 되찾는 일은 꼭 거창한 일을 통해서도, 그리 먼 곳에 방법이 있지 않을 수도 있습니다. 나에게 주어진 상황 속에서 나를 찾고 자존감을 높이고 싶다면 책을 통해 그 방법을 찾아보는 것도 현명합니다. 독서는 다른 일에 비해 많은 시간과 돈을 들이지 않고도 실천할 수 있고, 특히 아이들과의 삶 속에서 시간을 내기 힘든 육아맘에게는 최적의 힐링 방법이 될 수 있습니다.

'나'를 찾고 싶으신가요? 그럼 지금 바로 내 곁에 책 한 권을 두고 한 문장씩 읽어나가는 것을 권합니다. 책 속의 활자가 가져다주는 고요한 울림에 집중하는 시간, 나의 내면에 집중하는 시간을 통해 다시 한번 '나'를 찾아가는 하루가 되었으면 좋겠습니다.

5

책을 사랑하는 엄마

"엄마, 이거 엄마 책 속에 끼워두면 예쁘겠다."

낙엽이 바닥에 우수수 떨어져 있던 어느 가을날, 아이와 함께 하원길을 걷는데, 둘째 아이가 저에게 빨갛게 물든 낙엽을 주워주며 이렇게 이야기한 적이 있습니다. 엄마는 책을 좋아하고 그 좋아하는 책 속에 가끔 예쁜 그림이나 사진을 꽂아둔다는 것을 안 아이는 낙엽 하나를 건네며 이렇게 저에게 말한 것이지요. 아이들은 엄마의 말 한마디, 행동 하나하나를 어느새 다 지켜보고 알고 있습니다. 가끔은 누군가 나의 모습을 지켜보고 따라 하기까지 한다는 것을 알면 약간 무서운 생각도 들지만, 사실 내가 어렸을 때 내 부모님의 모습을 보고 자연스레 배웠던 것을 생각해보면 별로 놀랄 일도 아니지요.

'내적 불행의 대물림'이라는 말이 있습니다. 부모라면 누구나 그렇듯 저 역시 아이에게 내적 불행이 아닌 내적 행복을 물려주고 싶었습니다. 그러기 위해서는 내가 먼저 변화해야 한다고 생각했고, 그래서 아이가 배웠으면 하는 모습을 내가 먼저 실천하기로 했습니다. 제가 엄마로서 아이들에게 물려주고 싶은 것이 있다면 '꿈꾸는 삶을 사는 것'입니다. 꿈을 꾼다는 것은 내가 도달하고자 하는 목표가 있다는 것이고 그 목표를 이루기 위해 간절한 마음으로 수많은 노력을 하게 될 테니까요. 그리고 꿈꾸는 삶을 살아가기 위한 방법으로 책이라는 것을 벗 삼아 가까이 두었으면 좋겠다고 생각했습니다. 그래서 스마트폰을 보고 있는 모습보다는 책을 보고 있는 모습을 보여주고, 모르는 것도 스마트폰으로 찾기보다는 책을 통해 알아가는 모습을 보여줍니다. 물론 영상 매체가 무조건 나쁘다는 것은 아닙니다. 분명한 건 디지털 매체보다 책이라는 매체를 사용할 때 우리의 뇌 기능이 더 강화될 수 있다는 것은 너무나 잘 알려진 사실이지요. 인터넷 검색이나 영상을 통해 얻어낸 즉각적인 정보는 쉽게 잊힐 수 있지만 내가 직접 책을 통해 찾아보고 얻어낸 정보는 보다 더 기억에 오래 남기 때문입니다.

"우리 대부분은 기억해내려고 애쓰지 않고 무조건 정보를 검색하는 습관 때문에 기억력의 퇴화를 자초하고 있다. 뇌를 사용할수록 기능이 강화되고 더 많이 저장할 수 있다. 문제는 우리가 의식적으로 그런 선택을 하고 있는지, 아니면 무의식적인 습관에 따라 행동하고 있는지다."
– 짐 퀵, 『마지막 몰입』

짐 퀵은 『마지막 몰입』에서 "디지털 아웃소싱이 기억력을 갉아먹는다."라고 표현했습니다. 우리의 뇌는 무한한 수준으로 진화할 수 있는 최강의 적응 기관임에도 불구하고 너무 자주 뇌를 외부 기기에 아웃소싱 한다는 것이지요.

저는 아이들이 빠르게 변화하는 수많은 디지털 매체들 속에서 수동적인 사람이 되기보다 책을 통해 내가 주체가 되어 능동적으로 정보를 찾고 받아들이는 사람이 되었으면 좋겠습니다. 저도 그런 사람이 되고 싶다는 생각에 TV나 스마트폰을 보는 시간보다는 독서에 나의 소중한 시간을 더 할애합니다. 책을 늘 곁에 두고 독서를 하는 엄마의 모습을 보고 자라는 아이들은 자연스럽게 책을 가까이 두고 익숙한 것으로 받아들입니다. 책을 읽으라고 열 번 말하는 것보다 엄마인 내가 먼저 책 읽는 모습을 한 번 보여주는 것이 더 큰 효과를 불러일으킨다는 것은 사실 당연한 결과이지요. 하지만 그 당연한 것을 쉽게 받아들이면서 정작 내가 직접 실천해내기는 어려울 때가 많습니다. 사실을 아는 것과 그것을 직접 실천하는 일은 또 다른 문제이지요. 중요한 것은 아는 것에 그치지 않고 직접 해냈을 때 나에게 변화가 일어난다는 것입니다.

첫째 아이와는 7년째, 둘째 아이와는 5년째 책육아를 하고 있습니다. 책육아에서 말하는 책은 사실 '엄마의 책'이라고 표현하기도 합니다. 그만큼 엄마가 먼저 책 읽는 모습을 보여주는 것이 우선되어야 한다는 것이지요. 아이들은 정말 부모의 모습을 그대로 보고 따라 합니다. 형체만 다를 뿐이지 나를 보는 것만 같아 사실은 두렵기도 합니다. 아이에게서 나의 모습이 보이는 그 두려움을 기쁨으로 바꾸고 싶다면, 지금 바로 책을 읽어야 할 때입니다.

나에게 주어진 여유의 시간, 책이 있는 곳에 나들이를 가보는 건 어떨까요?

단 한 장, 아니 한 문장이라도 괜찮습니다. 지금 바로, 오늘도 책 읽기 참 좋은 날입니다.

Chapter 2

엄마의 책 사랑 :
나는 이렇게 책과 친해졌다

1.

나에게 맞는 책으로 시작하기

"진경 씨, 요즘 어떤 책이 좋아요? 책 한 권 추천 좀 해줘요."

어느 날 평소 알고 지내던 지인이 저에게 책을 추천해달라고 한 적이 있습니다. 독서에 빠진 저를 보고 책을 많이 읽어보았을 테니 좋았던 책이 있으면 소개 좀 해달라는 것이었어요. 그런데 생각보다 고민이 되었습니다. 내가 읽은 책은 많은데, 어떤 책을 추천해주면 좋을지 모르겠다 싶었습니다. '나는 되게 재미있게 읽었는데, 저 사람은 별로라고 하면 어떡하지?' 이런 생각도 들었지요.

저도 처음에 그 지인처럼 책을 고를 때 무엇을 읽어야 좋을지 잘 몰랐습니다. 그러다 보니 많은 사람들이 읽고 좋아한 베스트셀러를 중심으로 찾아보게 되었고 그 책을 구매해서 읽었습니다. 그런데 베스트셀러로 선정이 된 만큼 재미있는 책도 있었지만, 생각보다 그렇지 않은 책들이 많았습니다. '다른 사람들은 이 책이 재미있다는데 나는 왜 재미가 없지?' 생각하다가 책을 덮어버리곤 했지요. 그러다 또 책과 멀어지고 '아, 나는 독서랑 안 맞나 보다.'라고 결론지어버리고 책을 멀리했습니다.

그런데 마음이 힘들 때 심리학과 관련된 책을 우연히 집어 들고 읽으며 들었던 생각이 있습니다. '아, 이 책 어쩜 이렇게 내 마음을 잘 알지? 정말이지 내 마음속에 들어와 있는 것 같네.'라고요. 사실 그 책은 베스트셀러가 아니었습니다. 시간이 많이 흐른 책이기도 했고요. 결국 책은 '나에게 맞는 책'이 내가 읽기 좋은 책이라는 것을 깨달았습니다. 꼭 베스트셀러가 아니어도 내가 재미있고 나의 상황에 맞는 책이라면 읽기 좋은 책이라는 것을요. 그래서 누군가가 저에게 책을 추천해달라고 하면 사실 지금도 머뭇거리게 됩니다. 내가 좋아서 추천한 책은 그 누군가에게는 맞지 않을 수 있으니까요.

"백 권 천 권의 '베스트 도서' 같은 것은 없다. 각자 끌리고 수긍하고 아끼고 좋아해서 특별히 선택하게 되는 책들이 있을 뿐이다. …… 그렇게 모은 장서라면 아무리 남보기에 변변치 않더라도 본인에게는 어쩌면 온 세상을 의미할 수도 있으리라."

— 헤르만 헤세, 『헤르만 헤세의 책이라는 세계』 중에서

독일계 스위스인 소설가이자 시인인 헤르멘 헤세는 훌륭한 장서란 각자 애착과 필요를 좇아 차츰차츰 모으게 되는 것이고, 이는 친구를 사귀는 이치와 똑같다고 말했습니다. 즉, 나이가 많건 적건 누구나 책의 세계로 들어가는 자기만의 길을 찾아내야 한다는 것이지요.

그래서 누군가 또 저에게 책을 추천해달라고 한다면 이렇게 물으려고 합니다. "요즘 관심 있는 분야가 뭐예요?"라고요. 누구나 자기만의 관심사가 있을 것입니다. 그리고 각자가 처한 상황도 있을 테고요. 자신의 관심사와 흥미 그리고 상황에 따라 책을 골랐을 때 책과 가까워질 수 있습니다. 특히 독서가 익숙하지 않을수록 남들이 좋다고 추천하는 책에 의존하기보다는 내가 관심 있는 분야의 책들을 몇 권 추리고, 내가 직접 책의 제목과 목차를 보고 나에게 끌리는 것을 고르는 것이 독서를 하는 데

도움이 된다는 것입니다.

저는 블로그를 시작으로 글을 쓰기 시작했고, 그 글들이 모여 감사하게도 책으로 출간되어 작가가 될 수 있었습니다. '작가'라는 타이틀을 얻었지만, 지금도 글쓰기에 대해 배우고 싶은 것이 참 많습니다. 그래서 글쓰기 관련된 책들을 정말 많이 찾아보고 읽어봅니다. 저의 독서 습관 중 하나가 어떤 것에 꽂히면 그 분야를 적어도 대여섯 권 정도는 읽어보는 것인데, 그러한 과정을 통해 어느 정도 가닥이 잡히면 실천으로 옮깁니다. 이처럼 지금 내가 관심이 있고 배우고 싶은 분야를 중심으로 책을 읽는 것이 앞으로 독서의 시작이 될 수 있습니다. 지금 머릿속에 떠오르는 것은 무엇인가요? 나의 관심사를 먼저 생각해보시길 바랍니다.

2.

깊이 파고드는 독서

나에게 맞는 책을 찾았다면 책과 더 친해지기 위해 이제는 더 깊게 들어가볼 필요가 있습니다. 저의 경우 책을 읽다 보면 그 책이 좋은 이유를 세 가지로 들어 설명할 수 있습니다. 첫째, 내가 지금 관심 있는 분야일 경우. 둘째, 그 책을 쓴 저자의 전달 느낌이 좋은 경우. 셋째, 그 책이 도움이 될 만큼 내용이 훌륭한 경우. 세 가지를 다 충족시킨다면 더할 나위 없이 좋겠지만 다 충족하지 못하더라도 한 가지 이유만으로 어떤 책을 좋아하게 될 수도 있지요. 책과 친해지는 것이 목적이라면 이렇게 좀 더 깊이 있게 책을 파고드는 것을 추천합니다. 자세하게 살펴보겠습니다.

첫째, 내가 관심 있는 분야일 경우입니다. 만약 내가 육아에 관심이 많고 그중에서도 아이들의 심리에 대해 더 알고 싶다면 엄마와 아이의 감정에 대한 책들을 위주로 찾아보는 것입니다. 육아서도 그 안에서 발달, 심리, 학습 등 여러 갈래로 다양하게 나뉘기 때문에 책의 제목과 목차를 보고 선정해서 관심 있는 분야를 위주로 읽어나가는 것입니다. 둘째, 그 책을 쓴 저자의 전달 느낌이 좋은 경우입니다. 책을 읽어보면 평어체, 경어체 등 다양한 문체들이 등장합니다. 문체의 경우 저자의 의도와 생각이 드러나는 부분이라고 생각하는데 저는 개인적으로 경어체를 쓴 작가의 책을 선호하는 편입니다. 친절하면서도 따뜻한 느낌이 들기 때문입니다. 그래서 그 작가가 전달하는 또 다른 이야기를 읽고 싶어 같은 작가의 다른 책을 찾아보기도 합니다. 마지막 셋째, 그 책이 도움이 될 만큼 내용이 훌륭한 경우입니다. 사실 이 경우는 두 번째 이유와도 연결이 됩니다. 예를 들어서 어느 인문학 책을 읽었는데 내용이 혼자서 읽기에 아까울 정도로 훌륭하다면 그 책을 쓴 작가를 믿고 그 작가의 책들을 더 찾아서 읽어보는 것입니다. 실제로 저는 육아서에 꽂혔을 때 『아이 내면의 힘을 키우는 몰입 독서』, 『배려 깊은 사랑이 행복한 영재를 만든다』 등을 집필하신 최희수 님의 책을 하나도 빠짐없이 다 읽었던 적이 있습니다. 그분의 책을 읽으면 읽을수록 '책육아'의 개념을 알아가고 육아에 대해 깊이 생각해보는 계기가 되었지요. 출간 시기가 오래 되어서 절판이 된 책도 있었는데, 꼭 읽어보고 싶은 마음에 중고까지 찾아보며 구해서 읽었던 적이 있습니다. 같은 저자의 책이지만 포인트가 다르고 결과적으로 전달하는 메시지는 한결같았습니다. 결과적으로 저는 그 육아서로 인해 '책육아'라는 것을 배워 기본으로 삼고 계속해서 육아를 하고 있지요.

아이들에게도 그림책을 읽어주면 각자가 좋아하는 내용과 그림체가 있습니다. 첫째 아이의 경우 동물과 식물에 관심이 많아서 자연 관찰책을 굉장히 좋아했고, 둘째 아이의 경우 탈것에 관심이 많아 자동차나 기차가 나오는 책을 정말 많이 보았습니다. 그림체도 영향을 많이 받아서 그림이 거칠게 표현된 것보다는 따뜻한 질감이 느껴지는 그림책들을 위주로 골라 읽어달라곤 했던 기억이 납니다. 그러다 보면 그 책을 쓴 작가의 또 다른 책들을 찾아보고 읽어보게 되지요. 자연스럽게 다른 분야로 확장이 이루어지는 것입니다. 그렇게 아이들도 관심과 취향에 따라 그림책을 골라 읽다 보면 깊이 파고드는 독서가 이루어지는 것입니다.

이처럼 깊게 파고드는 독서는 독서의 질을 높임과 동시에 지식을 넓혀주는 아주 좋은 기회가 됩니다. 나에게 맞는 책이 있다면 위 세 가지를

염두에 두고 확장해나가는 독서로 좀 더 깊이 있게 다가가 보았으면 좋

겠습니다.

3

생각보다 많은 책 정보

"자, 이제 책 한번 읽어볼까?"

독서라는 것을 해보기로 마음먹고 책을 집어 듭니다. 페이지를 펼치고 읽어요. 오늘 책을 읽은 나 자신이 뿌듯하기도 합니다. 그런데 문제는 그 독서가 오래가지 않는다는 것에 있습니다. 작심삼일. 이것이 바로 지난 날 저의 모습이었습니다. "나 이거 해야 하는데, 책은 조금만 있다가 읽 어야지."라며 미룰 때가 많았지요. '조금만 있다가'라는 말은 나의 하루에 서 책이 저 멀리 밀려났음을 의미하기도 합니다. 진심으로 책을 읽고 싶다면 이 문제를 해결할 방법이 필요했습니다.

　요즘에는 SNS가 워낙 활성화되어 있다 보니 다양한 플랫폼들이 존재합니다. 처음에는 들어보지도 못한 것에 신기해하며 놀라기도 했고 '이런 신세계가 있구나!'라고 감탄하기도 했던 기억이 납니다. 가장 흔하게 접할 수 있는 책과 관련된 SNS 서비스로는 '북클럽'이라는 것이 있습니다. 일정 금액을 내고 온라인상에서 무제한으로 책을 읽을 수 있는 서비스이지요. 대형 온라인 서점에서도 접할 수 있고, 개인 온라인 책방 사이트에도 이러한 서비스들이 있습니다. 특히, 개인 온라인 책방 사이트 중 매달 정기 구독하면 북큐레이터가 그달의 책을 고심하여 선정해서 집으로 보내주는 서비스가 있습니다. 물론 나와는 맞지 않는 책을 받을 수도 있지만, 책을 아주 사랑하고 책에 대해 잘 아는 사람이 엄선해서 고른 책이기도 하고 새로운 분야의 신간을 다양하게 읽어볼 수 있다는 점에서 아주 매력적인 서비스라고 생각합니다. 그 밖에 카카오에서 운영하는 '브런치'는 다양한 장르의 글들을 무료로 읽어볼 수 있고 내가 직접 브런치 작가가 되어 글을 쓸 수도 있기 때문에 독서와 글쓰기에 관심이 있는 사람이라면 여러 면에서 이득이 많은 플랫폼입니다. 참고로 브런치 작가는 브런치에서 요구하는 항목을 채우고 승인을 받아야 합니다. 그 밖에 온라인 독서 모임도 꽤 많아서 이곳에 참여를 하는 것도 책을 읽는 과정에서 도움을 많이 받을 수 있습니다.

　이렇게 생각보다 많은 책 정보가 우리 주변에 있습니다. 만약 내가 책을 읽고 싶은데 독서를 유지하기가 어렵고 무엇부터 시작해야 할지 막막하다면 위와 같은 플랫폼들을 활용하는 것도 방법이 될 수 있습니다. 나 혼자서 책을 읽어보지만 잘 되지 않을 때는 SNS를 적극적으로 활용해 보고, 익숙해지면 스스로 독서 계획을 세워 책을 읽는 것이지요. 저는 북클럽을 이용하고 있습니다. 처음에는 북클럽이라고 해서 그저 내가 원하는 책을 무제한으로 읽을 수 있는 패키지 정도로 생각했었습니다. 그런데 좀 더 찾아보니 개인 서점을 운영하는 북큐레이터, 즉 책에 대해 잘 아는 전문가가 엄선하여 고른 책을 독자에게 소개하고 전달하는 서비스였습니다. 사실 이 서비스는 개인적인 생각으로 독서 초보자보다는 어느 정도 책을 읽은 사람들에게 좋다고 생각합니다. 그 이유는 정말 다양한 장르의 책을 읽어보게 되기 때문입니다. 독서 초보자의 경우 우선 자신에게 맞고 좋아하는 관심 분야의 책을 읽는 것이 책과 보다 친해질 수 있기 때문에 적극적으로 추천하지는 않습니다. 그러나 반대로 독서를 정말 사랑하고 어느 정도 책을 읽는 것에 익숙해진 사람이라면 이 서비스를 권장하고 싶습니다. 저는 이 서비스를 통해 평소 많이 읽지 않았던 소설 분야에 관심이 많아졌고 읽는 책이 점점 다양한 분야로 뻗어가게 되었습니다.

이제는 SNS라는 것이 우리의 일상이 된 만큼, SNS로 나에게 맞는 서비스를 찾아 활용하여 독서의 기반을 잡아갈 수 있다는 것이 참 신기하면서도 어떻게 보면 자연스러운 일이기도 합니다. 정보가 너무 많은 것도 문제가 되지만 그 수많은 정보 속에서 나에게 적합한 것을 골라 잘 활용한다면 생각보다 이득이 아주 많습니다. 혼자서 독서를 유지하기 어렵다면 위에서 말한 다양한 책 정보를 활용해보시길 바랍니다.

4.

어디에서 무엇을 하든 책, 책, 책

"대기 번호 열 번째야. 아직 멀었다.

(아이들에게 책 한 권씩을 건네며) 자, 여기 있어."

아이들이 어려서인지 잔병치레가 참 많은 편입니다. 특히 계절이 바뀌는 환절기만 되면 여지없이 감기에 걸려 코감기, 목감기 약을 달고 살았어요. 그런데 병원에 가보면 대기 환자가 너무 많아 기다리게 될 때가 자주 있었습니다. 그래서 병원에 갈 때는 제 가방에 엄마 책 한 권, 아이들 책 두 권을 꼭 가지고 나갑니다. 대기하는 곳에서 각자 가져온 책을 읽습니다. 둘째 아이는 책을 읽어달라고 하고, 첫째 아이는 보통 혼자서 읽고 는 합니다. 저는 둘째 아이의 책을 읽어준 다음 제 책을 꺼내 읽습니다. 제 책을 읽을 때 사실 온전히 집중하기는 어려워요. 아이들은 자기들 책을 놔두고 꼭 엄마의 책을 가져가 휘리릭 한 번씩 넘겨보고 그림이 없는 지도 살펴보고 이리저리 만지며 가지고 놀지요.

그럼에도 불구하고 제가 병원까지 책을 가지고 가는 이유는 잠시 기다리는 상황 속에서 무의미하게 스마트폰이나 영상을 보기보다는 나에게 도움이 되는 책을 한 문장이라도 더 읽기 위해서입니다. 그것을 나의 아이들도 함께 했으면 하는 바람도 있습니다. 집중을 못 하더라도 괜찮습니다. 책을 늘 손에 들고 있다 보면 분명 짧게라도 읽게 되니까요. 그리고 가장 중요한 것은 그런 엄마의 모습을 통해 내 아이들이 영상보다는 책을 더 가까이하는 기회를 만들어줄 수 있다는 것입니다. 만약 내가 영상을 본다면 나의 아이들도 영상을 보게 되듯이 내가 책을 읽는다면 아이들은 책 읽는 모습을 보다 자연스럽게 받아들일 수 있겠지요.

병원뿐만이 아니라 아이들과 함께 가는 곳, 나 혼자서 볼일을 보러 가는 곳 어디서든 정작 책을 읽을 수 없을지 몰라도 늘 책 한두 권을 가방

속에 넣고 다니는 습관이 생겼습니다. 독서할 시간을 잡고 앉아 집중해서 읽어야겠다는 생각이 오히려 독서 결심을 어렵게 만들고 독이 되기도 했기 때문입니다. 그것보다는 차라리 기회가 생길 때 틈틈이 읽는 독서가 깨알같이 재미있기도 하고 더 책을 가까이하게 된다는 것을 알았습니다.

내가 꼭 어떤 것을 해야겠다고 결심하면 그 결심을 지키기 위해서 끝까지 해내는 것이 얼마나 어려운 일인지 모두가 잘 알고 있습니다. 저도 작심삼일로 끝났던 게 한두 가지가 아니었지요. 그걸 통해서 느낀 점은 내가 뭘 해야겠다는 생각이 든다면 시간을 내고 마음을 잡으려 하는 등 준비에 공을 들일 것이 아니라 닥치는 대로 '바로' 실행에 옮기는 것이 중요하다는 것이었습니다. 시작이 반이라고 하듯이 일단 틈나는 대로, 닥치는 대로 책을 손에 들고 읽기 시작하면 책이 눈에 들어올 때도 있고, 그러다 자꾸 보게 되고, 어느새 매일 독서를 하는 나를 마주하게 되는 것이지요.

습관이 참 무섭습니다. 나의 생활 패턴으로 자리가 잡히면 나도 모르게 몸이 움직이지요. 어느 순간 일상이 되어버립니다. 갓 태어난 아기도 일정한 시간에 밥을 먹고 잠을 자면 그것이 몸에 배어 앞으로의 일상이 됩니다. 독서 습관을 만들고 싶다면 독서가 나의 일상이 될 수 있도록 책을 늘 곁에 두는 것을 추천합니다. 책이 내가 손을 뻗어 닿는 곳에 바로 있어야 읽고 싶은 마음이 들고 또 진짜로 읽게 되니까요. 그런 작은 습관이 독서를 실천해낼 수 있게 해줍니다. 마음이 잘 안 선다고, 방법을 잘 모르겠다고 고민할 시간에 그냥 지금 바로 '읽기'에 집중하는 것입니다. 일단 시작하면 그다음은 저절로 습관으로 자리 잡혀 갑니다. 나의 일상을 독서라는 것으로 하루를 채워보는 것도 꽤 괜찮은 습관이라고 생각합니다. 책은 분명 나에게 도움이 되는 일이니까요. 그러니 지금, 바로 내 손이 뻗어 닿는 곳에 책을 놓아두고 어디에서든 무엇을 하든 책을 읽는 하루를 보내면 좋겠습니다.

5.

완독하지 않아도 괜찮아

'아, 이거 언제 다 읽지?'

'아, 나 할 일 있었는데, 그냥 덮어버릴까?'

'책은 다음에 읽으면 되지. 일단 저거 먼저 해야겠다.'

독서를 시작했던 초반에 책장을 넘기며 자주 들었던 생각입니다. 재미있고 집중되는 부분도 있지만, 사실 넘기고 싶은 부분이 더 많았습니다. 그럴 때마다 꾸역꾸역 참고 읽어내느라 여간 힘든 게 아니었지요. 결국 책을 덮어버리기도 하고, 늘 책의 맨 앞장에서 독서가 멈추어 버리곤 했습니다. 독서가 드문드문해지고 책 읽기는 다시 내 우선순위에서 밀리기 시작했습니다.

그러던 어느 날 다시 책을 집어 들고 읽다가, 읽기 싫은 부분을 그냥 휘리릭 넘겨보았습니다. 넘기고 나니 재미있게 생긴 부분이 보였고, 궁금했습니다. 그리고 그 부분을 나도 모르게 정독했습니다. 내가 궁금한 부분을 '찾아서' 보니 책이라는 게 조금씩 재미있어지고 궁금증이 해결되는 것을 느꼈습니다. '아, 이 방법으로 독서를 해봐야겠다!'라고 생각하며 그렇게 독서의 맛을 조금씩 알아갔습니다.

책을 읽다 보면 내가 궁금하고 읽고 싶어지는 부분이 있습니다. 이럴 때는 그 부분을 중점적으로 읽는 발췌독이 나에게 도움이 되기도 합니다. 자서전이나 소설은 발췌독이 어렵지만, 주로 읽었던 자기계발서와 육아서와 심리 서적 같은 경우 발췌독이 가장 빛을 발했습니다. 누군가가 나에게 조언을 들려줄 때 그 조언들이 모두가 도움이 되지 않을 수 있는 것처럼 책도 마찬가지입니다. 책 한 권에는 저자가 독자에게 들려주고 싶은 수많은 내용이 담겨 있지만, 그중에서 나에게 도움이 될 만한 부분은 일부가 될 수 있습니다. 그래서 그 부분을 중점적으로 읽는 것입니다. 그러면서 점차 늘려나가는 것이지요.

일단 나에게 필요한 부분은 목차를 보고 결정합니다. 이 책이 어떤 내용인지 그리고 나에게 필요한 부분이 어떤 것일지 살펴보는 과정입니다. 목차로 간략하게 내용을 접하고 그 페이지를 펼쳐 읽어봅니다. 책을 꼭 처음부터 끝까지 다 읽어야 한다는 완독의 부담감을 내려놓으니 독서가 훨씬 수월해졌습니다. 그러니 독서가 익숙하지 않다면 내가 읽고 싶은 부분을 중심으로 읽어보면 책에 재미를 붙일 수 있습니다.

"머릿속 가득 수천 권의 책제목과 작가의 이름을 공허하게 떠올리는 것보다 몇 권 안 되는 책일망정 속속들이 알아 그 책들을 손에 집어든 순간 그것을 읽던 수많은 사건들의 감동을 생생하게 느낄 수 있는 편이 더 귀하고 만족스러우리라."
– 헤르만 헤세, 『헤르만헤세의 책이라는 세계』 중에서

이것은 아이들과 그림책을 읽을 때도 마찬가지입니다. 아이들에게 책을 읽어주다 보면 읽어주는 엄마 입장에서는 책 속의 모든 내용을 다 전달해주고 싶은 마음이 듭니다. 글자 하나하나를 모두 다 읽어주어야 할

것 같은 생각이 들지요. 아이들이 중간에 끊고 질문을 할 때면 가끔 스멀 스멀 짜증이 올라오기도 합니다. 그러나 사실 그림책에 관련된 육아서에서는 아이들과 책을 읽을 때 끝까지 읽지 못하더라도 대화를 나누는 것이 중요하다고 강조합니다. 문제는 그것을 알면서도 막상 내가 아이들에게 책을 읽어줄 때는 처음부터 끝까지 말끔하게 읽어주고 싶은 마음이 불쑥불쑥 튀어 올라온다는 것이지요. 그런데 가만 생각해보니 나도 내 책을 읽을 때 읽기 싫은 부분이 있으면 넘겨버리고 싶은데, 아이들도 그럴 수 있겠다는 생각이 들었습니다. 그래서 아이가 책의 내용을 이해하는 것도 중요하지만 아이의 생각을 조금 더 존중하기로 했습니다. 한 장을 보더라도 그림에 대해 이야기를 나누며 책을 재미있게 보도록 말이에요. 첫째 아이가 그리스 로마신화에 푹 빠졌던 때가 있습니다. 아테나 신에 대한 이야기를 읽으면서 "나는 아테나가 제일 좋아."라고 말하며 아테나가 쓴 투구와 입고 있는 갑옷을 살펴보았지요. 또 다른 전쟁의 신인 아레스와 비교하기도 하고요. 그렇게 어느 한 페이지에서 멈추고 대화하다가 이야기에 대한 갈증이 해소되면 다음 장을 읽어달라고 넘겼습니다. 그리고 신기한 것은 같은 책을 여러 번 보아도 아이들은 하나의 그림 속에서 새로운 것을 발견해내곤 한다는 것이었습니다. 그것을 가지고 또 이야기를 나누다 보면 엄마인 나는 생각지도 못한 장면을 발견할 때도 있고 '아, 이렇게 생각할 수도 있구나.' 하고 깨달을 때도 있었습니다. 아이들의 책이나 엄마의 책이나 독서를 한다는 것은 그 책에 재미를 느끼는 것부터 시작합니다. 꼭 처음부터 마지막까지 모든 글자를 하나하나 다 읽지 않아도 내가 그 책을 통해 얻을 수 있는 것이 있다면 더 깊이 있는 독서를 할 수 있습니다.

자, 그럼 이제 책 속에서 내가 읽어보고 싶은 부분을 한번 찾아볼까요?

6.

독서량은 중요하지 않다

　어느 정도 책을 읽다 보니 어느새 제법 쌓여가는 책들이 눈에 보이기 시작했습니다. 특히 출산 후 우울로 인생이 바닥까지 치닫는 순간에 거의 살고자 발버둥 치며 읽었던 심리학 책들이 집 안 곳곳에 쌓여 있었습니다. 어느 날 그 책들을 보니 '아, 내가 이만큼이나 읽었구나.' 하는 생각에 사실은 노력한 것에 대하여 조금은 뿌듯함이 들기도 했습니다. 하지만 읽은 책들은 쌓이는데 언제부터인지 읽는 것 자체를 즐기기보다는 독서량에 연연하며 책을 '읽어내는' 나를 발견하게 되었습니다. 더욱이 문제는 그 많은 책들이 나의 머릿속에 다 남아 있지 않다는 사실이었습니다. 한편으로는 참 허무했지요. 읽는 순간에는 한 문장 한 문장이 그렇게 마음에 와닿고 위로가 되었는데 결과적으로는 나에게 남은 것이 별로 없다고 생각하니 허탈감이 밀려왔습니다.

그동안 저는 책을 읽으면서 저자의 이야기에 귀를 기울였고 위로받았으며 희망을 품었습니다. 하지만 그 희망이 오래가지는 않았어요. 일상에서 다시금 무너지고 일어서고를 반복했습니다. 그 과정에서 이런 생각이 들었습니다. '책에서는 이렇게 하라고 했는데, 나는 왜 안 되지? 역시책은 그냥 책일 뿐인 건가?' 그 질문에 대한 답을 수없이 고민한 결과, 사실 답은 나 자신에게 있다는 것을 깨달았습니다. 수십 권의 책을 읽고 분명 위로를 받았지만 그 책들 속에서 말하는 결정적인 핵심에 대해 고민하지 않은 것이었어요. 책을 단순히 가볍게 여기고 읽었을 뿐 문장들 속에서 내 생각에는 집중하지 않은 결과였습니다. 책을 '읽어내어' 쌓여가는 책들은 많았지만, 이제는 핵심에 집중해야 할 때라는 생각이 들었습니다.

책 한 권에는 저자가 들려주고 싶은 이야기가 담겨 있습니다. 저자의 이야기를 받아들일지 말지는 그 책을 읽는 독자가 결정하는 것이지요.

내가 책 한 권을 읽었을 때 그 책으로 인해 생긴 결과에도 주목해야 한다고 생각합니다. 그래서 책을 읽고 실천할 수 있는 것, 나의 삶에 적용할 부분을 한 가지씩 생각하기 시작했습니다. 책 읽는 속도는 중요하지 않다고 마음먹었습니다. 속도보다는 하루에 단 한 장을 읽더라도 '생각'을 하면서 읽으려고 노력했고, 그 내용의 본질이 무엇인지를 고민했습니다. 그 결과, 책이 나에게 단순하게 위로를 전해주는 매체가 아닌, 어느덧 나를 성장시키는 든든한 친구가 되어 있었습니다. 독서의 속도와 양에 영향을 받지 않으니 책이라는 것이 훨씬 편하게 느껴지는 것은 물론이고 독서를 제대로 한다는 것이 무엇인지를 느껴갔습니다.

아이와 책 읽기를 할 때도 마찬가지였어요. 책육아를 시작한 초반에 아이에게 책을 한 권, 두 권 읽어주면서 쌓여가는 책들을 보며 '아, 오늘은 아이에게 이만큼이나 책을 읽어주었네. 내일은 좋은 이야기를 더 많이 읽어줘야지.'라는 생각을 하며 권 수에 연연했던 때가 있었습니다. 하지만 내가 책을 읽을 때를 생각해보면, 아이의 머릿속에 무언가 남게 하려면 아이도 책의 내용을 들으며 생각할 수 있는 기회를 제공해주는 것이 훨씬 도움이 되겠다는 생각이 들었지요. 쌓여가는 책들보다는 생각의 주머니를 키워주어야겠다고 생각했습니다.

저는 독서를 오래 해온 사람이 아닙니다. 그러나 책을 읽으며 깨달은 것이 있다면 '책은 분명 내 인생을 바꾸어 놓았다.'라는 것입니다. '읽어내는' 독서가 아니라 책 자체를 즐기며 인생을 변화시키는 경험을 하고 나니 책은 나에게 더 이상 '너무 먼 당신'이 아닌 떼려야 뗄 수 없는 존재가 되었습니다.

독서를 시작하고 싶으신가요? 책과 친해지고 싶으신가요? 그렇다면 책을 읽어내야 한다는 마음을 가볍게 내려놓고 오늘 하루 단 한 장이라도 좋으니 읽고 생각하면서 나의 내면에 집중하는 시간을 보내보면 좋겠습니다. 그 한 장으로 인해 내 인생이 한순간에 바뀌지는 않더라도 분명 보다 나를 성장시키는 길을 걸어가는 시작은 될 수 있을 것이라 확신합니다.

7.

책 더럽게 보기

독서를 제대로 시작한 지 어느덧 2년이라는 시간이 흘렀습니다. 그동안 읽어온 책들은 지금도 집 안 곳곳에 놓여 있습니다. 가끔 그곳을 지나치거나 생각이 날 때마다 읽었던 책을 꺼내봅니다. 그런데 책장을 휘리릭 넘겨보면 공통점이 있습니다. 아주 오래전 읽었던 책들도, 최근에 읽었던 책들도 모두 하나같이 밑줄, 메모, 접어둔 부분 등 깨끗하지 않은 게 대부분이라는 것입니다.

책을 읽다 보면 저자의 말에 진심으로 와 닿는 문장이 있고 어떨 때는 반대로 저자의 생각과 다른 부분이 있기도 합니다. 공감되고 중요한 문장에는 고개를 끄덕이며 밑줄을 긋고, 내 생각과 상반되는 부분은 메모하며 열린 마음으로 문장을 받아들입니다. 책을 읽을 때 노력하는 것 중 하나가 극단적으로 이야기하면, 저자의 모든 말에 설득당하지 않기 위해 노력하는 것입니다. 책을 읽다 보면 저자의 생각을 알아가는 시간이기 때문에 자칫하면 수동적인 입장이 되기 쉽습니다. 물론 저자의 말에 공감되는 부분도 있지만, 내가 책을 읽다가 한 번만 머릿속으로 생각해보면 어떤 부분은 그 반대일 수 있습니다. '이건 이런 점도 있지 않을까?, 이렇게도 생각할 수도 있지 않을까?'라고 반문해보는 것이지요. 이러한 이유로 책에 표시를 해두는 습관이 생겼습니다. 공감이 가는 문장에 밑줄 긋기, 기억하고 싶은 문장은 독서 노트에 필사하고 모서리 접어두기, 반문이 들거나 추가하고 싶은 내용이 생각나면 여백에 메모하기 등 내 생각을 덧대어 책을 받아들입니다.

학교 다닐 때 '오답 노트'라는 것을 해본 적이 있을 것입니다. 내가 틀린 문제가 무엇인지 적어두고 그 문제를 기억해두고 다시 틀리지 않기 위해 분석하는 과정이지요. 독서를 할 때 책에 표시를 하는 것도 이 오답 노트를 작성하는 것과 비슷하다고 생각합니다. 내가 중요하게 여긴 문장에 대해 필사하고 생각을 적는 것은 마치 분석을 하는 과정과도 같습니다. 오답 노트대로라면 그 중요한 문장을 나의 기억 속에 담아둘 수 있는 것이지요. 사실 학교 다닐 때 그리 열심히 하지도 않았던 오답 노트를 어른이 된 후에야 책을 읽으며 제대로 하고 있는 나 자신을 보면 '내가 참 많이 변했구나.' 하고 생각이 듭니다. 읽고 있는 책에 대한 분석은 정말 내가 원해서 하는 것이기 때문에 더 의미 있는 일이라는 생각이 들어 나 자신을 칭찬해주고 싶기도 합니다.

내가 읽고 있는 책 한 권을 일부라도 나의 것으로 만들기 위해 분석하는 과정은 가볍게 읽는 독서보다 생각의 깊이를 차원이 다르게 만듭니다. 가볍게 책을 읽는 것도 좋지만 독서라는 것을 나를 위해서 제대로 하고 싶다면 밑줄 긋고 메모하며 책을 더럽게 보는 것도 괜찮습니다. 사실 이 경우는 그 책이 내가 구매한 책일 때 가능한 이야기이지요. 구매하지 않고 도서관에서 빌려 책을 읽는 경우라면 독서 노트에 필사를 하는 것도 좋습니다. 중요한 것은 구매를 했든, 도서관에서 대여를 했든지 간에 내가 읽고 있는 책 한 권에 대해 어느 한 문장이라도 나의 것으로 만들어 내는 것입니다.

지금도 저는 책에 표시해놓은 것을 보며 그때의 나를 떠올려보곤 합니다. '아, 이런 문장이 있었지. 나는 이때 이렇게 생각했었구나.'라고 기억을 되살려봅니다. 그리고 그 책들은 내 생각이 깃든 '나만의 책'이 되어 또 하나의 보물과도 같은 모습으로 여전히 책장 한편에 꽂혀 있습니다. 책을 꼭 깨끗이 보지 않아도 괜찮습니다. 저자의 생각에 나의 생각을 덧대어도 아무도 뭐라 하지 않습니다. 자유롭게 책을 읽고 받아들이면서 조금은 더 열린 마음으로 내용을 흡수해나가는 것이 독서의 한 방법이 되고 나의 생각에도 조금씩 변화가 생기는 일입니다. 이제부터는 펜을 들고 책을 읽어보세요. 그리고 내 생각을 자유롭게 표현하는 시간을 갖길 바랍니다.

8

나만의 책 고르기 방법

　도서관이나 서점에 가보면 수많은 책들이 곳곳에 가득 차 있고, 책들의 종이 향기가 풍겨오는 것을 느낍니다. 특히 서점에서는 판매가 잘되는 베스트셀러의 경우 사람들이 자주 오가며 볼 수 있게 가장 맨 앞에 진열되어 있고 서가에서는 여러 분야의 책들이 세로로 표지를 보이며 빼곡하게 나란히 꽂혀 있지요. 책들은 모두 각 분야별로 나누어져 있지만 과연 이 중에서 나에게 맞는 책을 어떻게 골라야 할까요?

　책이 익숙하지 않은 독서 초반에 저는 책 제목을 보고 '어? 이거 끌리는데?'라는 생각으로 책을 집어 들었습니다. 그리고 그 책을 휘리릭 넘겨 아무 장이나 읽어본 다음 '이거 별로인 것 같아.' 혹은 '이거 재미있겠네.'라고 생각하면서 책을 골랐습니다. 그렇게 책을 집에 들고 와서 읽어보면 다행히도 그때의 생각대로 내 마음에 드는 책도 있었지만, 내가 책을 고를 때 느꼈던 생각과 다르게 흘러가는 책들도 생각보다 많았습니다. '분명 재미있을 것 같았는데, 이런 내용일 것 같았는데, 아니네?'라고 생각하면서 책을 좀 읽어보고 싶은데 고르는 것부터도 쉽지 않다고 느껴졌지요. 이런 과정은 결국 독서를 흐지부지하게 끝내버리게 되는 원인이 되기도 하였습니다.

제가 여러 번의 시행착오 끝에 생각해낸 네 가지 방법이 있습니다. 첫째는 제목을 읽어봅니다. 책의 제목만 보아도 내용이 짐작이 가는 것이 있는 반면에 반대로 제목이 굉장히 강렬하거나 약간은 엉뚱해서 궁금하게 만드는 책이 있습니다. 그렇게 끌리는 제목의 책을 고른 후에는 본격적으로 책 속을 살피기 시작합니다. 둘째는 목차를 살펴봅니다. 목차를 보면 이 책은 어떤 내용들이 담겨 있는지 대략적으로 알 수 있습니다. 특히 자기계발서나 육아서나 심리 서적의 경우에 목차는 대부분 구체적이고 상세하게 적혀 있기 때문에 내용을 살피는 데 도움이 많이 됩니다. 셋째는 프롤로그를 읽어봅니다. 서문이라고 불리는 프롤로그는 보통 잘 읽어보지 않는 경우가 많습니다. 저 역시 프롤로그를 그저 작가의 인사말 정도로 생각했었지요. 그런데 여러 권의 책을 읽고 제가 직접 책을 써보니 프롤로그가 얼마나 중요한지를 알았습니다. 책의 서문은 보통 저자가 그 책을 통해 전달하고자 하는 내용을 집약적으로 표현한 요약본이라고 볼 수 있습니다. 이 책을 왜 썼고 어떤 내용들이 담겨 있는지 짧고 간결하게 쓰여 있기 때문에 책을 고를 때 사실 제일 많은 도움을 받을 수 있는 부분입니다. 마지막 넷째는 목차에서 보았던 것 중 가장 궁금한 곳을 펼쳐 읽어보는 것입니다. 목차를 보고 내용을 읽었는데 의외로 내가 생각한 내용이 아닌 경우가 있습니다. 내가 궁금한 부분이 해결되지 않을 수 있지요. 저의 경우 만약 목차를 통해 찾아 읽어본 내용이 나에게 맞는다고 생각이 든다면, 그리고 그것이 하나라도 있다면 그 책을 선택합니다. 수백 페이지에 달하는 책 한 권에서 일부만을 생각하고 책을 고르는 것이 어떻게 보면 무모할 수 있지만, 저는 사실 책 한 권을 모두 다 나의 것으로 흡수해야겠다고는 생각하지 않습니다. 그건 독서에서 너무나 부담이 되는 일이고 꾸준한 독서에 오히려 방해될 수 있기 때문입니다. 책속의 일부만이라도 나에게 도움이 되는 것이 있다면 그것으로 만족하고 '하나 이상의 도움을 받을 수 있다면 더욱 좋지.'라는 생각으로 책을 선택합니다.

　독서를 하기 전에 책을 고르는 일이 처음에는 어렵게 느껴질 수 있습니다. 관심 있는 분야는 있는데 그 분야에 있는 책들이 한두 권이 아니기 때문에 그 많은 책 중에서 나에게 맞고 또 원하는 책을 고르기란 사실 쉬운 일이 아니지요. 독서에 익숙하지 않을수록 더욱 어려운 것은 당연합니다. 하지만 위에서 말한 네 가지의 방법을 적용해본다면 책을 선정할 때 보다 실패율을 낮출 수 있고 가장 쉽게 활용해볼 수 있을 것입니다. 제목, 목차, 서문, 일부 본문 이 네 가지를 기억하고 책을 골라보시길 바랍니다.

9.

서점 나들이 가기

혹시, 서점 좋아하시나요?

저는 개인적인 시간이 생기면 꼭 들르는 곳 중 하나가 서점입니다. 요즘에는 얼마든지 온라인으로도 쉽게 책을 고르고 구매할 수 있지만, 서점에 가야만 느낄 수 있는 짙은 책 향기와 가지런히 꽂힌 책들을 보면 편안해지는 마음이 들어 서점을 참 좋아합니다. 그리고 책들에 둘러싸여 천천히 좋은 책들을 고르고 읽어보면서 책이 가져다주는 조용하지만 강한 울림에 기분이 좋아지기도 하지요. 조용한 성향 때문인 것도 있겠지만 그 고요한 시간이 저에게는 사소하면서도 말 그대로 '힐링'이 되는 것 같습니다.

좀 더 실질적인 측면에서 생각해보면, 무엇보다 되도록 책을 온라인으로 고르지 않고 서점에 가서 직접 눈으로 보고 고르는 이유가 있습니다. 온라인으로 책을 고를 때 볼 수 있는 부분은 책의 제목과 목차가 대부분입니다. 그리고 모든 책이 그런 것은 아니지만 책의 앞부분을 미리보기 기능으로 볼 수가 있지요. 그래서 온라인으로 책을 구매한다면 가장 의존하는 부분 중 하나가 목차인 듯합니다. 하지만 저는 책을 고를 때 목차도 중요하지만, 앞에서 말씀 드린 대로 프롤로그 부분을 굉장히 중요하게 생각합니다. 그리고 목차 중에서도 궁금한 내용은 직접 본문을 찾아 읽어보아야 원하는 책을 고르는 데 도움이 되기 때문에 오프라인 서점을 주로 이용하고 있습니다.

책을 구매하는 것이 아니라 도서관에서 일정 기간 빌릴 수도 있습니다. 개인적인 생각의 차이이지만 서점에서 책을 구매하든 도서관에서 대여하든 중요한 것은 책의 실물을 눈으로 직접 확인하는 게 좋다는 것을 강조하고 싶습니다. 온라인 쇼핑몰에서 옷을 구매했다가 실패한 경험은 누구나 있을 것입니다. 주로 실패의 가장 큰 원인은 옷의 실물을 직접 보지 못했다는 것이지요. 책도 같습니다. 내가 직접 보고 고른 책은 실패 확률을 확 낮춰줍니다. 책의 제목을 보고 이 책을 쓴 저자는 어떤 사람인지, 이 책의 목차는 어떤 방향으로 구성이 되어 있는지, 이 책에서 저자는 서문을 통해 어떤 내용을 전달하고자 하는지 등을 살펴봅니다. 그리고 목차에서 끌리는 부분을 골라 본문을 펼쳐 읽어보면 이 책이 지금 나에게 도움이 될 수 있을지 어느 정도 파악이 가능하지요.

책과 친해지고 싶다면, 한 달에 한 번 정도는 책이 가득히 있는 서점에 가보기를 추천합니다. 그곳에 가서 책 자체에 익숙해지는 시간을 갖는 것도 좋습니다. 책에 대해 막연하고 하나도 모르겠다는 생각이 들면 베스트셀러 코너에 진열되어 있는 책들을 먼저 살펴보는 것도 괜찮습니다. 많은 사람들에게 베스트셀러라고 해서 나에게도 그 책이 베스트가 되지 않을 수도 있지만, 베스트셀러 중에서도 내가 집어 든 책은 지금 내 관심사에 관한 책이기 때문에 그것을 중심으로 독서를 넓혀 나갈 수도 있을 것입니다. 서점과 도서관의 차이는 크게 신간과 오래된 서적으로 나뉩니다. 신간을 주로 보고 싶다면 서점을, 오래된 서적에도 관심이 있다면 도서관을 추천합니다. 어디가 되었든 간에 책들이 가득한 곳으로 가서 책의 기운을 느끼고 고요함을 즐겨보시길 바랍니다.

　나에게 주어진 여유의 시간, 책이 있는 곳에 나들이를 가보는 건 어떨
까요? 단 한 장, 아니 한 문장이라도 괜찮습니다. 지금 바로, 오늘도 책
읽기 참 좋은 날입니다.

10

나만의 독서법

"독서는 뜻을 찾아야 한다. 만약 뜻을 찾지 못하고 이해하지 못했다면 비록 하루에 천 권을 읽는다고 해도 그것은 담벼락을 보는 것과 같다."
– 다산 정약용

조선 시대 최고의 실학자이자 가히 천재라고 불리는 정약용은 진정한 독서가로도 유명합니다. 특히 정약용은 두 아들에게 '초서 독서법'을 강조하였는데 이 독서법의 간단한 뜻은 독서를 하며 중요한 문장을 노트에 베껴 쓰고 그 문장에 내 생각과 의견을 메모하는 것을 말합니다. 초서 독서법에 대한 내용을 자세히 연구하고 기술한 김병완 님의 『초서 독서법』 책을 보면 초서의 다섯 가지 놀라운 비밀을 이야기합니다. 첫째는 메타인지 학습법이 포함되어 있다는 것, 둘째는 뇌 과학에서 장기기억을 강화하는 최고의 학습법이라 일컫는 인출 작업과 정교화 작업이 포함되어 있다는 것, 셋째는 뇌 과학에서 중요시하는 손을 사용하는 독서법이라는 것, 넷째는 책을 눈으로만 보지 않고 직접 손으로 쓰면서 읽기 때문에 집중력과 이해력과 사고력을 향상시켜 준다는 것, 다섯째는 초서 독서는 독서법의 차원을 뛰어넘어 훌륭한 학습법이라는 것입니다. 정약용의 초서 독서법을 알게 된 뒤 책을 읽으며 하는 작은 메모나 책에 대한 서평을 쓰는 일이 얼마나 중요한 것인지 알았습니다. 그래서 책을 읽을 때 나에게 남는 독서가 되기 위해 이 독서법을 적용하려고 노력합니다.

초서 독서법 이외에 저만의 독서 방법을 세운 것이 있다면 딱 두 가지입니다. 첫 번째는 책을 읽으면서 끊임없이 의심하기입니다. 제가 예전에 읽은 책 중 긍정에 관한 자기계발서가 있었습니다. 그 책을 읽으면서 '아, 이런 세계가 있구나! 나도 한번 적용해볼까?'라는 생각이 마구 들었던 기억이 납니다. 책에서 말하는 대로 나도 해보면 긍정 회로가 팍팍 돌아갈 것만 같은 느낌이 들었지요. 저자의 이야기 속에 아무 의심 없이 빠져들어 갔습니다. 그러다 이 책을 읽은 사람들은 어떤 생각이 들었는지 궁금해서 SNS 후기를 찾아보았습니다. 총 다섯 명의 후기를 읽었는데 아뿔싸, 다섯 명 중 세 명의 후기는 '비추(비추천)'라는 것이었습니다. 그 이유는 너무 터무니없고 말이 안 되며, 그 책 속에 등장하는 한 명의 인물을 약간 신성시하는 듯한 느낌을 받았다는 것이었어요. 그 후기를 읽고 난 뒤, 머리를 돌멩이로 세게 '팍' 맞은 듯했습니다. '나는 왜 한 번도 이런 의심을 해보지 못했을까? 나는 왜 무조건 저자의 말에 빠져들고 옳다고만 생각했을까?'라는 생각이 들어 혼자서 적지 않게 놀랐던 기억이 있습니다. 책이라는 것은 항상 좋은 것이라고만 생각했습니다. 물론 어떤 책이든지 단 한 가지라도 배울 점은 있겠지만, 중요한 것은 그 책을 계기로 모든 내용이 옳지 않을 수 있다는 것을 깨달았습니다. 그래서 책을 읽을 때는 '의식적으로 의심하기'가 필요하다고 생각했습니다. 그리고 두 번째는 같은 주제의 책을 찾아서 파고들기입니다. 저는 한동안 심리학 책에 빠져 있었습니다. 내 마음이 궁금했고 마음을 다스리는 방법을 알고 싶었어요. 처음에는 '나'로 시작해 읽었던 심리 서적이었지만 점점 '다른 사람'으로 넓혀갔습니다. 나에 대한 심리는 타인과의 관계로 이어졌고, 그 이후에는 관계에 대한 심리 서적을 많이 읽었던 기억이 납니다. 이처럼 하나의 주제를 잡고 읽다 보면 점점 다른 주제로 파고들어 자연스럽게 확장이 되기도 합니다.

위와 같은 방법들을 활용하면서 나만의 독서법을 세우고 책을 읽는 것입니다. 그냥 눈으로 글자를 따라가며 내용을 읽을 때보다는 한 권을 읽더라도 머릿속으로 생각하며 조금은 더 깊이 있는 독서를 하게 되는 것이지요. 독서 방법도 각자에게 맞는 것이 있다고 생각합니다. 여러 독서법에 관한 책을 읽으며 참고해보고, 내가 직접 책을 읽으면서 나에게 맞는 것들을 찾아 나가는 과정이 필요합니다.

이왕 독서하는 거 나에게 도움이 되는 독서를 하는 것이 좋겠다고 생각합니다.

나를 성장시키는 독서라면 더할 나위 없이 좋겠지요.

Chapter 3

엄마의 독서법 :
현실과 타협하는 독서법

1.

독서에 '목적'이라는 무기 장착하기

"수도선부(水到船浮)"라는 말이 있습니다. 국어사전을 살펴보면, 물이 차오르면 배가 저절로 뜬다는 뜻으로 실력을 쌓아서 경지에 다다르면 일이 자연스럽게 이루어짐을 이르는 말이라고 쓰여 있지요. 즉, '준비된 자에게 기회가 찾아온다.'라는 뜻입니다. 수도선부 하는 마음은 독서에도 적용할 수 있습니다. 내가 독서를 하는 이유, 목적, 방향을 분명히 해야 합니다. 시계는 가만히 놔두어도 계속 돌아갑니다. 어떻게 보면 아무 의미가 없어 보이지요. 하지만 흘러가는 시곗바늘에 내가 의미를 부여한 순간 그 시계는 나에게 중요한 수단이 됩니다. 이처럼 내가 하는 독서에 의미를 부여할 필요가 있습니다. 의미가 있는 시계가 중요한 물건이 되듯이 목적이 있는 독서는 좀 더 변화된 나의 모습으로 나를 이끌어주니까요.

우리는 살면서 나에게 주어진 시간 안에서 선택과 집중을 합니다. 내가 해야 할 일과 하고 싶은 일 등으로 나의 소중한 시간을 할애하지요. 물론 그 안에서 시행착오를 겪기도 합니다. 시행착오를 통해 배우기도 하니 꼭 나쁜 것만은 아니지요. 하지만 더 나은 내가 되고 싶다면 같은 실수를 반복하지는 말아야 합니다. 그것은 배우는 시행착오가 아닌 어리석은 시행착오가 될 수 있으니까요. 독서도 마찬가지입니다. 독서를 하고자 한다면 목적을 분명히 해야 합니다. '독서를 하며 힐링한다.'라는 말을 쉽게 들을 수 있습니다. 잘못된 말은 아니지만 독서를 힐링으로만 끝내기에는 아쉬운 점이 너무나 많습니다. 이왕 독서하는 거 나에게 도움이 되는 독서를 하는 것이 좋겠다고 생각합니다. 나를 성장시키는 독서라면 더할 나위 없이 좋겠지요.

몰입적 사고에 대해 다루는 책 『몰입』의 저자 황농문 님은 이렇게 말합니다.

"우리 몸에 입력된 정보의 절실성은 입력된 자극의 세기가 클수록, 정보의 입력이 반복될수록 증가한다."

– 황농문 『몰입』 중에서

목적 지향에 대한 신체의 노력은 극대화되고 몰입도가 올라가는데, 결과적으로 우리의 뇌에서는 이 목표가 아주 중요하다고 인지한다는 것을 말합니다. 그렇기 때문에 독서에서도 목적을 분명히 할 필요가 있습니다. 목적이 있는 독서는 나의 소중한 시간을 낭비하지 않을 뿐 아니라 나를 변화시키는 길이기도 하니까요. 좀 더 나은 나의 모습을 위해 독서에서 '목적'이라는 무기를 장착하길 바랍니다.

"사람이란 무언가를 이루려면 우선 무언가가 되어야 한다. 무언가 위대한 것을 이루려면 그 전에 자신의 교양을 높이 쌓아야 하는 법이고, 그 길을 가는 데 가장 빠른 길이 바로 독서다."

– 괴테

1. 내가 책을 읽는 목적

① 나는 책을 통해 나의 내면을 돌본다.

② 나는 책을 통해 나를 긍정적인 방향으로 변화시킨다.

③ 책을 읽는 모습을 통해 아이들에게 좋은 본보기가 된다.

나만의 현실 타협 엄마 독서법 10가지

1. 나는 무엇을 위해 책을 읽는가?

2

책을 대여할까? 구매할까?

우선 이 장에서는 저의 이야기를 들려드리고자 한다는 것을 미리 말씀 드립니다. 책을 구매하거나 대여하는 것은 각자의 선택이기 때문에 자신 의 상황에 맞게 판단하는 것이 좋겠습니다.

책은 대여하는 것이 좋을까요? 구매하는 것이 좋을까요? 이 질문에 대 한 답은 솔직히 없다고 생각합니다. 대부분 독서를 권하는 사람들의 이 야기를 들어보면 책을 구매하는 것을 추천합니다. 하지만 책을 구매하는 것은 경제적인 문제가 있고, 개인적인 생각의 차이도 있기 때문에 저는 적극적으로 추천해드리지는 않습니다. 그런데 누군가 저에게 책을 구매하는 것과 대여하는 것에 대한 저만의 의견을 묻는다면, 저는 구매를 하겠다고 말하는 편입니다.

제가 책을 구매하는 이유는 크게 두 가지가 있습니다.

첫째, 책을 살펴보았을 때 나에게 가치가 있는 책이라고 생각된다면 직접 나의 돈을 지불하고 구매합니다. 둘째, 그 가치 있는 책을 일부라도 나의 것으로 만들기 위해서는 앞에서 언급했던 초서하는 시간을 가져야 합니다. 초서하다 보면 책에 밑줄을 긋는 것은 기본이고 메모를 하게 되기 때문에 좋은 책이라는 생각이 들면 꼭 소장합니다.

책이라는 것은 그 책을 쓴 저자의 경험과 지혜를 통해서 나를 변화시킬 수 있는 강력한 도구가 되어줍니다. 과거로 돌아갈 수는 없지만 프리드리히 니체의 책을 통해 과거 속 그의 이야기를 들을 수 있고, 현재 내가 유명한 자기계발가의 강의를 들으러 갈 수 없다면 그의 책을 읽으면 되니까요. 심지어 책을 읽으면 저자가 들려주고 싶은 말을 더 상세히 들을 수 있고 그 이야기들을 오랫동안 곁에 두고 필요할 때마다 볼 수가 있지요. 15,000원 내외의 돈을 지불하고 그들의 경험과 지혜를 듣고 배우는 시간은 무엇보다도 가치 있는 투자임이 분명합니다. 그것을 깨달은 순간부터 나의 보이는 모습을 위해 치장하던 옷과 가방을 사는 것을 줄여나가고 나의 내면에 더욱 집중하게 되었습니다. 남들에게 보이는 겉모습보다는 내면이 단단한 사람이 되고 싶었습니다. 그 단단한 내면을 내 아이들에게도 물려주고 싶었습니다.

그래서 책을 나에 대한 투자로 생각하고 구매하기 시작했습니다. 대신 나 자신과의 약속을 한 가지 정했습니다. 무엇이든 과하면 문제가 되듯이, 책도 한꺼번에 너무 많이 구매해버리면 다 읽지도 못하고 쌓여만 가기 때문에 책을 구매할 때는 한 달에 꼭 두 권 이상을 넘지 않도록 했습니다. 이 규칙을 세우고 매달 많게는 3만 원 정도로 나를 위한 투자를 하고 있는 것이지요.

구매가 꺼려진다면 도서관에 가서 대여하고 읽으며 노트에 간단하게 메모해두는 것도 좋습니다. 그리고 어느 순간 정말 나에게 와닿는 책을 만난다면 그런 책들은 구매로 이어질 수도 있을 테고요. 어느 것을 선택하든지 간에 책을 읽고 나의 것으로 만들어간다는 점에 초점을 두고 독서를 하였으면 좋겠습니다. 내가 읽은 어떤 한 권의 책이 나를 성장시키는 말도 안 되는 경험을 하게 될 수 있으니까요. 그런 책을 만나기를 바라며 오늘도 독서로 하루를 시작해봅니다. 지금 이 순간 독서를 하기에 '딱' 좋은 때입니다.

2. 책을 대여하거나 구매하는 데 정답은 없다

① 대여한 책 :

- 헤르만 헤세 『싯다르타』
  • 이유 : 평소 헤르만 헤세를 좋아했고 그의 책이 궁금했다.

- 강수진 『한걸음을 걸어도 나답게』
  • 이유 : 강수진이라는 사람의 이야기가 궁금했고, 어떤 마인드로 세계적인 발레리나가 될 수 있었는지 알고 싶었다.(이 책은 구매로 이어지지는 않았다. 그녀의 이야기가 재미있긴 했지만, 솔직히 모두가 익히 알고 있는 자기계발서 느낌이 들었다.)

② 구매한 책 :

- 헤르만 헤세 『싯다르타』
  • 이유 : 대여해서 읽어 보니, 생각보다 어렵지 않게 읽혔다. 기억해 두고 싶은 문장들이 많아 소장하고 싶었다.

2. 사고 싶거나 대여하고 싶은 책 리스트 만들기

3.

우리 집에는 곳곳에 책이 숨어 있다

    아이들의 책육아를 하며 벽이란 벽은 모두 책장으로 도배를 했다고 해도 과언이 아닐 정도로 집 안 곳곳에 책을 놓아두었습니다. 아이들이 책을 가까이 하기 위해서는 어디서든 책이 눈에 띄는 곳에 있어야 한다고 생각했기 때문입니다. 가끔은 '너무 많은 책이 아이들에게 부담이 되지는 않을까?' 하고 염려가 되기도 했지만, 다행히 아이들은 그 책들에 위압감을 느끼기보다는 책들이 있는 곳 어디에서든 책을 장난감 삼아 놀이하며 책을 읽기도 하는 모습을 보였습니다. 그것을 보면서 느꼈어요. 엄마인 나도 나의 책을 내가 있는 주변 곳곳에 놓아두면 책과 조금 더 가까워질 수 있겠다는 것을요.

    하루 중 제가 가장 많이 머무르는 곳은 주부인 만큼 '부엌'입니다. 그래서 부엌에 작은 책장을 구비해두고 가장 애정하고 평소 자주 보는 책들을 꽂아두었습니다. 그리고 아이들과 잠을 자는 안방에도 수납장 위에 저의 작은 책장이 자리 잡고 있고, 옷방에 있는 아이들 회전책장 위 칸에도 제 책을 꽂아두었습니다. 저희 집은 현관에 들어서면 바로 앞에 벽면과 짧은 복도가 있는데, 그곳에 있는 아이들 책장 위에도 제 책들을 놓아두었습니다. 총 네 곳에 책들을 배치해두었는데, 각 위치마다 보기 좋은 책들로 정리해두었습니다. 부엌에는 주로 아이들과 함께 있는 시간이 많기 때문에 육아서를, 안방에는 잠자기 전에 읽기 좋은 잔잔한 에세이를, 그리고 옷방에는 심리 서적과 소설을, 마지막 현관 앞 복도에는 자기계발서들이 꽂혀 있습니다. 책이 곳곳에 있다 보니 무엇보다 눈에 잘 띄기 때문에 한 번이라도 꺼내 읽어보게 되는 장점이 있습니다. 책을 좋아하는 사람으로서 가지런히 꽂혀 있는 책들을 보면 마음이 든든하고 안정감이 느껴지기도 합니다.

    내가 있는 주변마다 책을 놓아두면 독서를 하기 위해 책을 준비하고 시간과 장소를 정할 필요가 없습니다. 그렇기 때문에 아이들을 육아하는 저에게는 안성맞춤인 독서 방법이지요. 틈나는 대로 하는 독서가 날을 잡고 하는 독서보다 효율적이고 무엇보다 책과 가까워질 수 있는 방법이 되었습니다. 이제는 더 이상 책을 읽을 시간이 없다는 핑계로 독서를 미루지 않습니다. 다른 사람들과 똑같이 주어진 나의 하루 속에서 나만의 방법으로 틈새를 찾아 책을 읽습니다. 그렇게 날마다 읽은 책들이 한 권씩 쌓여가고 정신이 쏙 빠지는 육아 현장 속에서도 마음의 중심을 차근차근 바로잡아 갑니다.

책육아 관련 도서들을 보면 모두 다 하나 같이 환경 구성의 중요성을 강조합니다. 아이들이 놀고 있는 곳에 슬그머니 책을 넣어두는 엄마의 작은 센스가 아이에게 책과 친해질 수 있는 계기를 만들어줍니다. 이처럼 어른에게도 책과 친해지기 위해서는 책을 가까이해야 한다는 것은 어떻게 보면 너무나도 당연한 사실입니다. 하지만 대부분은 그 당연한 사실을 잘 알고 있으면서도 실천으로 옮기는 것은 뒤로하고 책을 늘 후순위에 두고 있지요. 이 책을 집어 든 분이라면 적어도 독서를 실천하고 싶은 분일 것이리라 생각합니다. 그렇다면 내 아이에게 책육아를 하듯이 엄마 나 자신에게도 그 책육아를 적용해보면 어떨까요? 아이들의 책을 곳곳에 준비해두고 원할 때마다 읽어주며 책과 벗 삼아 놀게 하듯이, 엄마인 나도 나의 책을 곁에 두고 틈이 날 때마다 읽으며 책을 벗 삼아 지내는 것입니다. 계속되는 육아 속에서 책 속에 인쇄된 활자들을 통해 나의 마음을 돌보는 시간은 어떻게 보면 가장 쉬우면서도 확실한 자기 성장의 시간이 되어줍니다. 그리고 이제는 그 사실을 많은 사람들이 알게 되었으면 좋겠습니다.

3. 우리집에 책을 놓아두는 곳

- 집 안에서 내가 자주 가는 곳은 어디인가? 어디에 책을 놓아둘 수
있는가?
• 큰 책장을 놓아둘 곳을 찾는 것이 아니다. 한 뼘짜리 작은 책꽂이
나 바구니여도 상관없다. 편하게 책 한두 권 놓아둘 수 있는 곳이
면 어디든 괜찮다.

① 부엌 조리대 가장자리

② 거실 아이들 책장 위

③ 옷방 아이들 책장 위 & 칸막이 붙박이장 활용

④ 안방 아이들 옷장 위

⑤ 현관 앞 아이들 책장 위

3. 책을 놓아두면 좋을 곳 리스트 정하기

4.

틈새 시간과 공간 확보하기

첫째 아이는 7살, 둘째 아이는 5살. 아직은 어려서 하루에도 수십 번씩 엄마를 찾고 요구사항도 참 많습니다. 그래서 아이들과 지내다 보면 "몸이 열 개라도 모자란다."라는 말을 온몸으로 체험하고 있음을 느낍니다. 아이들이 기관에 가 있는 시간은 다행히 전업주부라 잠시는 나의 시간이 확보되지만, 아이들이 하원을 한 시간부터 다음 날 아침까지는 꼬박 아이들 곁에 있게 되지요. 또 아이들이 아프기라도 한 날은 아픈 아이를 돌보느라 'all-day' 육아를 하기도 합니다. 나를 위한 일정한 시간과 나를 위한 작은 공간도 허락되지 않은 지금, 책을 읽으려면 없는 시간을 쪼개야 했고 공간에도 구애받지 않아야 했습니다.

그래서 제일 먼저 일정하게 시간을 확보할 수 있는 새벽을 사수하기 시작했고, 그 이후에 아이들과 있는 시간에도 충분히 틈이 있음을 알고 '틈새 독서'를 하기로 마음먹었습니다. 아이들이 간식을 먹는 시간, 아이들이 둘이서 놀이하는 시간, 아이들이 책이나 그림 그리기 등에 빠져 있는 시간 등을 노리고 내 책을 집어 듭니다. 책을 읽을 수 있는 공간은 집 안 어디에서든 가능하도록 했습니다. 특히 저희 집의 경우 부엌과 거실이 연결되어 있는데, 부엌 조리대 한편에 독서대를 두었더니 책을 읽으면서 아이들이 노는 거실 쪽이 보여 불안하지도 않고 한 번씩 아이들을 확인할 수 있어서 독서를 위한 시·공간을 모두 잡을 수 있었습니다. 이렇게 집 안 곳곳에 내가 읽을 책이 어디를 가든 꽂혀 있도록 세팅을 해놓으면 아이들과 방에서 놀이를 할 때 혹은 자기 전에 아이들이 각자 책을 볼 때 등 여유가 될 때마다 나의 책도 한 장씩 읽어볼 수 있는 것이지요.

그리고 이렇게 시간과 공간을 활용하기 전에 꼭 수첩에 그달 그리고 그날의 할 일들을 미리 계획해둡니다. 월별 계획표로 그달의 목표를 정해두고 그 목표를 달성하기 위해서 일일 계획표를 세웁니다. 일일 계획

표는 처음에 시간대별로 적어보았는데, 아이들과 지내다 보니 그 시간을 지키지 못할 때가 너무 많았습니다. 그래서 그날의 할 일들을 적고, 지킨 일을 형광펜으로 색칠하는 방법으로 실천 여부를 파악했습니다. 형광펜의 색칠이 많아질수록 계획한 것을 해냈다는 작은 성취감들이 쌓여갔고 뿌듯하기도 했습니다. 어느 날은 열심히 해온 나를 위한 보상으로 달콤한 커피 한 잔이나 평소 잘 사 먹지 않는 디저트를 맛있게 먹기도 하였지요.

엄마가 되고 나면 아이들 때문에 바빠서 아무것도 할 수 없다고 생각하며 원하는 것을 차일피일 미룰 때가 많습니다. 그럴 때는 '최소한 이 정도는 할 수 있겠다.'라는 것을 찾아보는 것입니다. 아주 작고 사소한 부분까지요. 그러면 어느새 나도 모르게 내가 원하는 목적지를 향하는 길목에 서 있게 될지도 모르지요.

지금 내가 처해 있는 상황 속에서 내가 할 수 있는 것들을 찾아내는 것이 목표를 이루는 시작이 될 수 있다고 생각합니다. 안 되는 이유를 찾는 것보다 무엇이든 지금 내가 할 수 있는 것에 집중하는 것이 나를 변화시킵니다. 그리고 어느새 나는 목표에 도달해 있을 것입니다. 오늘 새벽도 독서를 하며 나를 위한 시간을 사수하고, 그렇게 조금씩 조용히 목표를 향해 다가갑니다. 분명 내가 애쓴 이 시간의 투자는 쌓이고 쌓여 나를 성장시킬 것이라고 확신합니다.

4. 내가 책을 읽을 수 있는 시간과 공간은 언제, 어디인가?

① 틈새 시간

- 아이들이 잠들어 있는 새벽 : 글쓰기, 필사, 요가, 명상 후 남은 30분 정도 독서 가능
- 아이들이 유치원에 가 있는 시간 : 청소, 빨래, 저녁 반찬 준비 등 집안일 후 1시간 정도 독서 가능
- 아이들 하원 후, 간식 먹으며 놀이하는 시간
- 아이들이 DVD를 보는 시간
- 저녁을 준비하는 시간(물 끓이는 시간, 에어프라이기 돌아가는 시간 등)

② 틈새 공간

- 거실 소파
- 부엌 조리대 위, 식탁 위
- 아이들이 놀이하는 곳 옆자리
- 침대
- 화장대

4. 나만의 틈새 시간, 틈새 공간 찾아보기

5

디지털과의 멀티는 절대 NO

엄마가 되고 보니 '내가 이렇게 멀티플레이에 능한 사람이었나?'라는 생각이 들 정도로 아이들을 돌볼 때 그야말로 초인적인 능력을 발휘하곤 합니다. 식사 준비를 하다가도 첫째가 종이접기가 잘 되지 않는다며 도와달라고 할 때는 아주 급한 일이 아니고서야 도와줍니다.

그 와중에 한글에 관심이 생긴 둘째 아이는 "엄마! '리' 어떻게 써? 이거 '아' 맞지?"라며 질문을 마구 쏟아냅니다. 그러면 또 종이접기를 하며 글자를 알려주지요. 식사 준비, 종이접기, 글자 알려주기 등 이것만 해도 벌써 세 가지를 동시에 해내고 있는 나를 보며 '내 몸이 열 개 였으면 좋겠다!'라는 생각이 하루에도 수십 번씩 들곤 합니다.

하지만 평소에 이렇게 한 번에 여러 가지 일을 하는 저도 절대로 하지 않는 한 가지가 있습니다. 바로 디지털 매체를 보며 책을 읽는 행동입니다. 여기서 디지털 매체는 주로 스마트폰에 해당이 되지만 TV도 마찬가지입니다. 아무리 사람이 한 번에 다양한 일을 해낼 수 있다고 해도 책을 읽는 시간에 다른 건 몰라도 영상 매체만큼은 멀리하도록 합니다. 영상 매체는 우리의 시선을 단번에 빼앗아갑니다. 활자가 적힌 책과 다양한 시각 자극을 주는 영상 매체 중에서 순간의 선택을 받게 되는 것은 열에 아홉은 영상일 확률이 높습니다. 빠른 흐름으로 흘러가며 흥미로우면서 자극적이기 때문이지요. 나의 시선을 끌기에 아주 매력적입니다. 영상이 꼭 나쁘다는 것은 아니지만 독서를 하고자 한다면 영상은 잠시 꺼두는 것이 좋습니다.

육아하면서 아이들의 요구는 엄마로서 내가 조절할 수 없는 부분입니다. 아이와 나 둘 사이의 일이기 때문이지요. 하지만 TV와 스마트폰 속의 영상은 오로지 내가 선택하는 것이므로 통제할 수 있는 부분입니다.

그러니 책을 틈틈이 읽으면서 사부작 집안일을 하고 아이들을 도와줍니다. 대신 영상에는 시선이 빼앗기지 않도록 환경을 유지합니다. 다른 것들과의 멀티는 허용해도 영상과는 절대 멀티를 하지 않는 노력을 기울일 필요가 있습니다.

디지털 매체라는 것은 우리 일상에 많은 도움을 주면서도 악영향을 끼치는 아이러니한 존재입니다. 매체를 통해 다양한 정보를 얻기도 하지만 어느 순간 그 재미에 빠져 헤어 나오지 못하는 경우가 많으니까요. 『마지막 몰입』의 저자 짐 퀵은 디지털 매체에 대하여 "습관을 나쁘게 길들이는 디지털 빌런"이라는 표현을 썼습니다. 그만큼 디지털 매체라는 것이 보편화되었고 유용하게 쓰이지만 나의 습관을 무너뜨리기도 하는 '빌런'과도 같은 존재이지요. 뇌는 사용할수록 그 기능이 강화된다는 것은 모두가 알고 있는 사실입니다. 그런데 대부분 책보다는 너무도 쉽게 디지털 매체에 의존하곤 합니다. 일단 아주 편리하기 때문입니다.

"문제는 우리가 의식적으로 그런 선택을 하고 있는지, 아니면 무의식적인 습관에 따라 행동하고 있는지다."
‒ 짐 퀵, 『마지막 몰입』 중에서

책 읽기를 습관으로 만들고 싶다면 이제부터는 의식적으로 TV와 디지털 매체만큼은 멀리하는 것이 좋습니다. 책을 읽는 그 순간만큼은 '아날로그'적인 마인드와 습관이 필요합니다.

5. 독서를 위한 디지털 멀리하기

① TV가 아예 눈에서 보이지 않는 환경을 만들기 위해 아이들 슬라이딩 책장 안에 TV를 넣어둔다.(아이들이 DVD를 보는 시간은 어쩔 수 없이 예외로 둔다.)

② 집에서 독서 할 때 스마트폰은 화면이 보이지 않도록 뒤집어 놓는다.

③ 밖에서 독서 할 때 스마트폰은 가방 안에 넣어 놓고 손에 책과 함께 들고 있지 않는다

5. 디지털 매체 멀리하기 계획 세우기

6.

독서를 준비하지 말자

'자, 읽을 책도 준비했으니까 애들 낮잠 시간에 꼭 읽어봐야지!'

아이들이 잠이 들자 이렇게 마음먹은 지 얼마 되지도 않아 살짝 귀찮아집니다. '아이들 잠들었는데, 핸드폰 조금만 볼까? 새로운 기사는 뭐가 있지? 참, 나 로션 사야 되는데, 요즘 뭐가 좋지?'라고 생각하며 폭풍 검색을 시작합니다. 로션 하나 고를 뿐인데 이름을 따지고 성분까지 따지다 보니 30분은 훌쩍 지나가 버리고, 결국 개중에 고르고 고른 것 하나를 주문합니다. 로션을 고르고 주문하는 데에 온갖 힘을 다 쏟아버리고 '아,

조금만 자고 싶다.'라는 생각이 머릿속을 스칩니다. '근데 나 애들 잘 때 책 읽으려고 했는데, 지금 자버리면 저 책은 언제 읽지?, 근데 너무 졸리다. 지금 안 자두면 이따 애들 깼을 때 피곤해서 짜증 낼지도 몰라. 차라리 조금이라도 자두자.'라고 생각하고는 결국 꿀잠에 빠져듭니다.

실제로 저는 이런 하루를 반복했었습니다. 읽을 책과 시간을 정해두고 독서를 준비하니 왜 하필 그때마다 할 일이 떠오르고 하고 싶은 일이 생기는 건지 정말 알 수가 없었습니다. 이러다가는 책 한 권은 고사하고 책한 장도 읽기 어렵겠구나 싶었지요. 뭐가 문제인지를 고민했습니다. 그러던 어느 날 예전에 읽었던 책 한 권의 제목이 떠올랐습니다. 황상열 님이 쓰신 『닥치고 글쓰기』라는 책이었는데 '닥치고'라는 문구를 생각하니 '닥치고 책 읽기'라는 말이 생각난 것이지요.

'그래, 뭘 준비하고 기다려. 그냥 닥치는 대로 읽으면 될 것을!'

이런 생각이 들자 모든 것이 간단해졌습니다. 그 이후로는 아이들 낮잠 시간을 기다리지 않고 평소 읽고 싶었던 책을 바로 집어 듭니다. 그리고 그 자리에서 '즉시' 단 한 문장이라도 읽습니다. 독서를 위한 시간과 장소를 준비하지 않고 지금 내가 서 있는 이곳, 이 시간에 책을 읽은 것입니다. 그러면 적어도 독서를 미루어 나 자신과의 약속을 지키지 못해 얻게 되는 자괴감을 떨쳐버릴 수 있었습니다. 그리고 그렇게 야금야금 책을 읽어나갈수록 다음 내용이 궁금해서라도 아이들이 자는 시간에 책을 읽게 되는 변화가 생겼습니다.

독서는 준비하지 않아야 한다고 생각합니다. 무언가 거창한 것을 하는 것이 아니라 독서가 내 일상이 되어 그렇게 나의 루틴으로 잡혀갈 때 책을 집어 드는 일이 더 이상 힘든 일이 아닌 자연스러운 일이 되고, 독서라는 것이 어려운 일이 아닌 간단한 일이 될 수 있기 때문입니다. 책을 읽기 위해서 시간을 내고 장소를 찾기보다는 내가 있는 그곳에서 그 시간에 한 장을 넘기는 것이 훨씬 효율적입니다. 그리고 오늘 바로 그것을 시작할 수 있습니다.

'here and now'

이 용어는 독일의 정신과 의사인 프리츠 펄스가 창시한 게슈탈트 심리치료의 가장 중요한 개념 중 하나입니다. 저는 이 말을 좋아합니다. 지금 여기, 이 순간에 집중하는 것은 오늘을 살아가고 책을 읽어나가는 데 아주 큰 힘이 되어 줍니다. 'here and now' 지금 이 순간 내 곁에 책을 놓아두고 틈틈이 책을 읽어나갑니다. 그렇게 독서하는 엄마가 되어갑니다.

6. 바로 책 읽기에 들어가기 위한 준비

    ① '~하고 독서 해야지'라는 마음 버리기

    ② 기다림 없이 독서를 할 수 있도록 항상 곁에 책 놓아두기

    ③ 틈이 나면 닥치는 대로 책 읽기

나만의 현실 타협 엄마 독서법 10가지

6. 언제 어디서든 책 읽기 위한 준비하기

7.

가랑비에 옷 젖는 독서

열 달을 뱃속에 품고 있던 첫아이가 태어난 날 저는 엄마로서 느낄 수 있는 행복했던 순간을 잊을 수가 없습니다. 아마 아이를 낳아본 엄마라면 모두가 저와 같은 기분을 느꼈을 것입니다. 그런 아이가 점점 자라면서 옹알이하고 웃으며 저를 바라보았던 때도 기억이 납니다. 아이가 옹알이하며 처음으로 "엄마."라고 말했을 때는 너무나 신기하고 기특했지요. 그런데 아이가 그렇게 말을 내뱉게 되기까지는 '엄마'라는 말을 만 번은 들어야 한다고 합니다. 일상에서 수없이 '엄마'라는 단어를 들려주었을 때 아이에게 그 단어가 '스며들어' 비로소 말을 하게 되는 것이지요.

저는 책이라는 것도 비슷하다고 생각합니다. 책 한 권에는 수많은 지식과 지혜가 담겨 있지만 그 한 권을 읽었다고 해서 결코 내가 단번에 변화되지는 않습니다. 그렇게 되기를 바라는 것은 어떻게 보면 욕심이지요. 실비와 같은 가랑비도 계속 맞으면 어느새 옷이 다 젖어버리는 것처럼 책은 읽으면서 내 머릿속에 들어와 나의 일상을 아주 천천히, 그리고 조금씩 변화시켜갑니다. 나의 마음을 어루만져주는 문장들, 가끔은 뼈를 때리는 듯한 문장들이 쌓이고 쌓이면서 내가 생각을 하게 되고 나를 변화시켜가는 것이지요.

다시 아이들의 이야기로 돌아가 생각해봅니다. 아이는 태어나 집이라는 환경에서 가족과 함께 사회적 기술을 배우며 관계를 맺게 됩니다. 밥을 먹고 잠을 자는 등 기본 생활 습관을 익히고 점차 언어를 배우며 대화의 기술을 배우기도 하지요. 아이가 그렇게 성장하기까지는 수없이 반복했던 일상 속의 '매일의 힘'이 있었습니다. 매일 반복했던 기본 생활 습관이 몸에 배어 익숙한 루틴으로 자리 잡게 되는 것이지요. 독서도 같은 맥락에서 본다면 아주 조금씩이라도 매일 읽는 행동을 반복했을 때 습관으로 자리 잡게 됩니다. 제가 틈틈이 책을 읽는 이유도 여기에 있습니다. 독서를 할 시간을 따로 정해두기보다는 그저 나의 일상에서 영양가가 많은 밥으로 배 속을 채우듯이 가치와 지혜가 담겨 있는 책으로 나의 머릿속과 마음을 채웁니다. 그것들이 쌓이면서 아주 천천히 나를 변화시켜갑니다. 사실 처음에는 별 차이가 없는 것 같지만 뒤를 돌아보면 어느새 책을 읽지 않았던 때와 책을 읽는 지금의 나의 모습은 분명 다르다는 것을 느낍니다.

내 아이가 내 삶에 찾아옴으로써 저는 엄마로, 아니 한 명의 사람으로 성장을 하고 참 많이도 변화되었습니다. '내가 이런 사람이었나?'라는 질문을 수없이 해보았고, 아이를 키우면서 나를 알아가고 내면의 나의 모습과 대면했던 순간들도 많았습니다. 아니, 어쩌면 아이와 함께하는 지금도 그 과정들은 계속되고 있지요. 아이와 함께하며 나를 이해하고 알아갔던 것처럼 책이라는 것과 함께하며 수없이 많은 생각과 질문을 스스로 던져봅니다. 그러한 과정을 보면, 나를 알아가는 것이라는 점이 책과 육아는 참 많이도 닮은 것 같습니다. 엄마가 책을 읽어야 하는 이유도 여기에 있다고 생각합니다. 내가 한 사람으로서 성장을 바란다면 책을 읽고 생각하는 시간이 필요합니다. 그 과정에서 답을 찾는다면 아주 좋겠지만 꼭 답을 찾지 못하더라도 내가 생각하고 고민했던 시간은 결국 나를 성장하게 해준 과정이었다는 사실은 변함이 없을 것입니다.

괴테는 우리에게 일어나는 모든 일은 그 흔적을 남기며, 모든 것을 알게 모르게 우리의 모습을 만든다고 말했습니다. 지금 내가 하는 독서 습관이 알게 모르게 나의 삶에 들어와 흔적을 남깁니다. 그러니 느리더라도 아이들과의 육아 속에서 아주 천천히, 그리고 조금씩 나에게 '스며드는' 독서로 나의 하루를 채우면 좋겠습니다. 나의 머리와 마음이 말랑말랑해지는 순간을 갖는 것입니다. 그리고 분명, 어느 순간 훌쩍 성장해 있는 나를 바라보게 될 것이라 확신합니다.

7. 어떻게 매일 책 읽기를 하며 나를 변화시켜 갈 수 있을까?

　① 내가 생각해 둔 틈새 시간에 책을 읽는다.

　② 아무리 바쁘더라도 단 한 장이라도 읽는다.

　③ 이것을 매일 반복한다.

　④ 책 읽기를 나의 하루 중 습관으로 만들고 조금씩 변화되어 가도록 유지
　　한다.

7. 날마다 책에 젖어들기 위해 마음 먹기

8

나에게 맞는 지극히 현실적인 목표 세우기

우리는 새해가 되면 하는 일이 있습니다. 한 해를 알차게 보내기 위한 목표와 계획을 세우는 일이지요. '이번 해에는 꼭 다이어트에 성공해야지. 이번 해에는 꼭 시험에 붙어야지. 이번 해에는 꼭 다독해야지.' 등 새해가 되면 지난해에 이루지 못했던 목표를 꼭 이루리라 다짐합니다. 저는 주로 독서와 다이어트를 계획합니다. 하지만 부끄럽게도 저의 그 야심 찬 계획은 머지않아 무산이 되곤 하였지요. 계획을 지키지도 못한 게으른 나의 모습을 보며 자괴감에 빠지곤 했습니다. '나는 왜 제대로 해내는 게 하나도 없는 걸까?'라고 생각하며 자신을 채찍질하고 자존감도 저

밑으로 곤두박질을 쳤습니다.

'뭐가 문제일까?'를 고민하던 때, 저는 자기계발서가 아닌 심리학 책을 다시 집어들었습니다. 자존감이 한없이 낮아졌고 다시 나를 되찾아야겠다고 생각했기 때문입니다. 그래서 나를 사랑하는 방법에 대한 책을 읽으며 '그래, 괜찮아, 다 괜찮아, 다시 잘 생각해보자.'라며 나 자신에게 조금은 관대해지기로 마음먹었습니다. 그리고 나에게 맞게, 지금 내가 처한 현실에 맞춰 다시 계획을 세우기 시작했습니다. 하루빨리 목표를 이루고 싶고 해내고 싶지만 한 발짝 뒤로 물러서기로 했습니다. 내가 지금 할 수 있는 것들 위주로 계획하고 도저히 할 수 없는 것들은 가지를 치기 시작했습니다.

1년 동안 책을 몇 권을 읽어야겠다고 두루뭉술하게 계획하기보다는 '최소 하루에 한 장'이라는 지극히 현실적이고 실천이 가능한 계획을 세웠습니다. 일단 성공 확률을 최대한 높이는 것이 가장 중요하다고 생각했기 때문입니다. 계획을 여러 번 성공해야 자신감이 생기고 자존감도 높아질 수 있으니까요. 그리고 그 계획이 익숙해지면 하루 한 장이었던 것을 하루 한 장 반, 두 장 등 조금씩 늘려나갔습니다. 최소 하루에 한 장이라는 것을 기억하고 그것을 중심으로 더해갔습니다.

 전업맘이라 아무리 아이들과 있는 시간이 많다고 하더라도 가만히 생
각해보니, 나 혼자서 보내는 시간 혹은 아이들끼리 놀이하는 시간 그리
고 아이들이 자는 시간이 있었습니다. 상황 속에서 빈틈을 찾아내어 내
가 읽고 싶은 책 한 장을 읽으니 그동안 내가 수없이 했던 '시간이 없다'
라는 말은 어설픈 핑계였다는 것을 깨달았습니다. 그저 책이 나의 하루
속에서 우선순위에 들지 못했던 것이었지요. 내가 하고 싶은 것이 있는
데, 그것이 계획대로 잘 되지 않는다면 한 번쯤은 그 계획을 되돌아볼 필
요가 있습니다. 지금 내 상황에 맞는 계획인지, 혹시 내가 지속적으로 실
천해내기 어려운 계획은 아닌지를요.

 그동안 수없이 읽으며 쌓아온 책들은 두 아이를 돌보며 반복되는 하루
속에서 나 자신을 잃어버리지 않기 위한 몸부림의 결과이자 나를 성장시
킨 유일한 것이었습니다. 전업맘으로 지내면서 책이 있었기 때문에 아이
들을 마음을 다해 돌보는 것도, 그 안에서 엄마로서의 중심을 바로 잡는
것도 가능하다는 것을 실감했습니다. 지금 내 인생에 있어서 중요한 책
읽기를 소홀히 하지 않기 위해 나에게 맞는 지극히 현실적인 독서 계획

을 세웁니다. 그것을 토대로 한 발짝 꿈을 꾸고 성장해나가는 내가 될 수 있도록, 오늘도 저는 작은 계획 안에서 하루 한 장 책 속의 문장을 마음속에 담아봅니다.

"성공한 사람은 대개 지난번 성취한 것보다 다소 높게, 그러나 과하지 않게 다음 목표를 세운다. 이렇게 꾸준히 자신의 포부를 키워간다."

— 쿠르트 레빈(Kurt Lewin)

8. 내가 하루 동안 어느 정도 분량의 책을 읽을 수 있을까?

• 중요한 것은 '최소한으로' 생각하는 것이다

① 아이들이 기관에 가는 평일
   – 하루에 최소 다섯 장 읽기

② 아이들이 있는 주말
   – 하루에 최소 한 장 읽기

③ 아이들이 아프거나 방학이라 가정 보육을 하게 되는 경우
   – 하루에 최소 한 장 읽기

8. 날마다 책 읽기 목표 세우기

9.

그럼에도 불구하고 'Keep Going' 독서

'코이의 법칙'을 들어본 적 있으신가요? 관상어 중에 '코이'라는 물고기가 있습니다. 이 물고기는 같은 물고기여도 작은 어항에 넣어두면 5~8센티미터밖에 자라지 않지만, 강물에 놓아두면 90~120센티미터까지 자랄 수 있다고 합니다. 이처럼 어항에서 기르면 피라미가 되고, 강물에 방류하면 대어가 되는데, 이것을 빗대어 '코이의 법칙'이라고 부릅니다. 즉, 이 코이가 환경에 따라 성장하는 크기가 달라지듯이 사람도 환경에 비례해 능력이 달라진다는 것을 알려주지요. 그리고 그 환경은 내가 만들어 간다는 것이 핵심입니다.

책 읽기를 잠시 하고 말 것이 아닌 오래도록 지속하기 위해서는 일상처럼 익숙하게 만드는 환경이 필요합니다. 세계 최고의 리더십 전문가이자 베스트셀러 작가인 존 맥스웰은 "일상을 바꾸기 전에는 삶을 변화시킬 수 없다. 성공의 비밀은 자기 일상에 있다."라고 말했습니다. 내가 지금 아이들을 육아하면서 책을 지속해서 읽으려면 그동안 핑계를 대며 미루기만 했던 나의 일상을 바꾸어야 했습니다. 나의 하루 속에서 책 읽기를 익숙하게 만들려면 '습관'이 되어야 합니다. 사람은 똑같은 행동을 반복하면 자기도 모르게 습관이 되어버립니다. 버려야 할 나쁜 습관도 생기지만 유지해야 할 좋은 습관도 생기지요. 독서라는 좋은 습관을 갖기 위해서는 그럼에도 불구하고 계속해서 나아가는 'Keep Going'의 자세가 필요합니다. 하루 한 장이라도 책을 손에서 놓지 않고 꾸준히 읽어나가는 '매일'을 쌓아가는 것입니다. 지금 나에게 주어진 '육아'라는 상황 안에서 독서 습관을 유지하기 위해 변화시킬 수 있는 부분을 찾아봅니다. 그리고 그것을 습관으로 만들어나갑니다. 내가 성장할 수밖에 없는 환경을 세팅해놓고 'Keep Going' 하는 것이지요.

첫째 아이가 세 살 때부터 저와 함께 낱말 카드를 가지고 놀았습니다. 대문짝만 하게 써놓은 동물 글자를 가지고 동물에게 먹이를 주는 놀이,

사냥하는 놀이 등 다양하게 놀았지요. 워낙에 동물을 좋아했던 아이인지라 그 놀이는 네 살, 다섯 살 초반까지 이어졌습니다. 그러다 아이가 다섯 살에서 여섯 살로 넘어갈 무렵, 어느 날 혼자서 책을 드문드문 소리 내어 읽는 모습을 보고 놀랐던 적이 있습니다. 저는 아이를 앉혀놓고 한글 공부를 시킨 것이 아니라 그저 일상 안에서 한글 카드로 놀이를 했던 것인데, 신기하게도 아이는 글자를 읽어낸 것입니다. 아이는 한글을 배움으로 받아들이지 않고 글자 카드를 놀잇감 중에 하나로 생각하고 신나게 놀았으며 그 과정에서 자연스럽게 글자를 익히게 된 것 같았습니다. 즉, 아이에게 한글은 '학습'이 아닌 '놀이'였던 것이지요.

그런 아이의 모습을 보며 나도 '내가 하는 독서를 놀이로 생각해보면 어떨까?'라는 생각이 들었습니다. 책을 읽어내야만 하는 대상이 아닌 일상 안에서 즐기는 대상으로요. 물론 책을 읽는 과정에서 어려운 순간도 있겠지만 책이라는 존재가 나에게 더 이상 부담이 되지 않도록 습관을 만들 필요가 있다고 느꼈습니다. 저는 책 한 권을 빠르게 읽어내지도 못할 뿐더러 그럴 수 있는 상황도 안 됐기 때문에 더더욱 습관이라는 것이 필요했습니다. 그래서 'Keep Going'이라는 말을 마음속에 늘 새겼습니다. 오늘 내가 아이들을 하루 종일 가정 보육하느라 혹은 집안일에 치여 책을 거의 읽지 못했음에도 불구하고 단 한 장만이라도 읽어냅니다. 그렇게 앞으로 나아가는 나를 바라봅니다. 스스로 나의 일상을 세팅하며 단단하게 하루를 보냅니다. 오늘도 새날이고 나에게 주어진 이 새날이 참 감사함을 느낍니다.

9. 그럼에도 불구하고 'keep going' 하려면

① 목표로 세운 하루 다섯 장 혹은 하루 한 장을 채우지 못하더라도 자책하지 말기. 꼭 다음 날 다시 시작하기

② 작심삼일이어도 또다시 작심삼일 하며 이어 나가기

③ 독서를 장기적으로 멀리 보고 생각하기

9. 오늘 읽을 책을 못 읽었을 때의 전략 세우기

....

....

....

....

....

....

....

....

10.

책 속의 지혜를 일상 경험으로

한때 '다독'을 하던 시기가 있었습니다. 아이가 점점 자라면서 육아를 하는 게 힘들어서 '책육아' 도서를 읽었던 시간을 떠올리며 아이와 엄마의 심리에 대한 육아서를 정말 많이 읽었어요. 책들은 차곡차곡 쌓여갔고 그동안 읽어온 책들을 보며 사실 뿌듯한 마음도 들었습니다. 그런데 아주 큰 문제가 있었습니다. 책을 읽어도 딱 그때뿐. 그 읽은 '순간'뿐이었습니다. 읽는 순간에는 '아, 내 아이가 그래서 그런 거였구나. 내가 그래서 그런 감정이 들었구나. 이렇게 하면 되는구나.'라고 생각했지만, 막상 책 밖으로 나와 현실로 돌아가보면 책 내용을 까맣게 잊어버리거나 정말 기가 막히게도 내 아이는 책 속에서 제시한 육아 방법이 전혀 통하지 않기도 했습니다. 그래서 수없이 반복되는 악순환 속에서 '뭐가 문제일까?' 고민했습니다. 이럴 바에는 책을 왜 읽었나 싶어 사실 책을 읽었던 시간을 후회하기도 했고 '역시 육아는 현실이야.'라며 책을 덮어버리기도 했지요.

그런데 한때 우울증으로 힘들었던 시기에 책은 분명 저에게 도움이 되었던 기억이 있었습니다. 책을 통해 마음을 위로받았고 책을 읽으면서 나 자신을 관리하고 돌보았던 시간이 있었습니다. 그 기억을 더듬어보니 '아, 이거구나!' 생각이 들었습니다. '책을 읽으면서 나 자신을 관리하고 돌보기.' 이것을 위해 그때 당시에 했던 것 중 하나가 매일 나의 기분과 감정을 확인했던 체크리스트였습니다. 시각적으로 내 감정의 변화를 매일 체크하며 기록해보니 내가 어느 포인트에서 감정이 나빠지고 어떻게 행동했는지 파악할 수 있었고, 그것을 토대로 나를 관리해나갔었지요. 내가 나를 사랑하고 감싸 안아주어야 한다는 심리서들의 내용을 읽고 처음으로 작게나마 실천으로 옮긴 것이었습니다. 그래서 이전의 경험을 토대로 책을 읽고 나서 내가 실천할 수 있는 것 한 가지씩을 생각해보기로 정하고 다시 책을 집어 들었습니다.

'나만의 불씨를 꺼내자.'

법 영상 전문가 황민구 님의 에세이 『천 개의 목격자』를 읽고 생각했던 실천 계획입니다. 이 책은 범죄 사건 속에서 법 영상 전문가가 영상으로 사건의 실마리를 찾고 해결하는 데 도움을 준 이야기를 다루고 있습니다. 황민구 님은 이 책 속에서 "당신의 불씨를 꺼내보세요."라는 말씀을 하셨는데, 자신에게 진실을 파헤치기 위해 찾아온 사람들의 간절한 마음이 꺼지지 않도록 도와주는 것을 '불씨'라고 표현한 것이었지요. 저는 이 문장을 읽으면서 내가 범죄 사건을 돕는 사람은 아니지만, 내가 다른 사람들에게 어떤 도움을 줄 수 있을지에 대해 생각해보았습니다. 그래서 지금 내 위치에서 내가 할 수 있는 것을 찾아야겠다고 생각하고 평소 책을 읽고 글을 썼던 것을 떠올렸습니다. 나의 경험이 단 한 명에게라도 긍정적인 영향을 줄 수 있다면 그것도 하나의 희망의 불씨가 될 것이라고 생각했지요. 매일 책을 읽고 필사하며 내 생각을 적거나 블로그에 읽은 책에 대한 글을 씁니다. 이러한 글 쓰는 과정은 나를 포함해 다른 사람에게도 도움이 될 수 있기 때문이에요.

이처럼 책을 읽고 나의 일상에서 실천할 수 있는 것을 한 가지씩 생각해보는 시간은 내가 나에게 스스로 질문을 던지는 계기가 됩니다. 단순히 책을 읽고 부담 없이 덮는 것도 나쁘지 않지만 경험해본 바로는 또 그것이 좋다고도 생각하지 않습니다. 이왕 책을 읽는 김에 나에게 도움이 되는 독서를 하면 좋겠습니다.

10. 책이 삶이 되기 위한 계획

① 책 한 권을 읽은 후, 아주 작은 실천 계획 세우기
  예) 니콜라 슈미트의 『형제자매는 한 팀』 책을 읽고 '아이들의 감정 인정하기'라는 계획을 세웠다.

② 아이들의 갈등 상황이 있을 때 각자의 이야기를 듣고 "00는 ~한 기분이 들었구나. 그렇게 느낄 수 있겠다."라고 느끼고 있을 감정을 인정하고 공감해준다. 그다음에 서로를 위해 알아야 할 가치를 전달한다.

③ 갈등 상황이 있을 때마다 이 방법을 계속 적용해본다.

10. 책을 읽고 나서 적용할 부분 찾기

책을 읽고 나의 것으로 만들어간다는 점에 초점을 두고 독서를 하였으면 좋겠습니다.

내가 읽은 어떤 한 권의 책이 나를 성장시키는 말도 안 되는 경험을 하게 될 수 있으니까요.

Chapter 4

엄마의 책장 :
나를 변화시킨 분야별 책들

1.

나와 타인의 연결고리 : 에세이

에세이는 나 자신을 이해함과 동시에 타인과의 관계를 배울 수 있는 좋은 기회가 되어줍니다. 저자의 관점을 통해 다양한 시각을 배우고 내가 미처 생각지 못한 깨달음을 얻을 수 있지요. 제가 읽었던 에세이 중 기억에 남는 세 권의 책을 소개합니다.

『여덟 단어』 by. 박웅현

　광고 크리에이티브 대표인 박웅현 님의 『여덟 단어』는 여덟 가지를 주제로 우리가 삶을 대하는 자세에 대하여 인문학적인 측면에서 설명해주는 책입니다. 이 책에서 말하는 여덟 가지 주제는 자존, 본질, 고전, 견, 현재, 권위, 소통, 인생입니다. 저는 이 책 속에서 본질과 고전 부분에 대해 깊이 있게 바라보고 읽었던 기억이 납니다. 현재를 살아가면서 내가 가장 중요하게 생각하고 추구해야 할 가치와 본질은 무엇일지 고민을 많이 했습니다.

　아이들의 엄마와 남편의 아내로 살아가며 부딪히게 되는 여러 갈등 속에서 내 삶의 방향을 잃지 않도록 본질이라는 것을 기준으로 삼아야 한다는 것을 느끼게 해준 책이었습니다. 사실 엄마로 지내면서 내 아이들에 관해서는 더욱 예민해지곤 했습니다. 특히 발달이나 학습적인 면에서 다른 또래들과 비교했던 적도 있고 우리 아이만 뒤처지는 것은 아닌지 불안해하며 흔들릴 때가 많았습니다. 그럴 때마다 저는 육아서보다는 이 책을 펼쳐 읽으며 마음을 다잡고는 했습니다. 나와 아이를 있는 그대로 바라보는 연습이 필요할 때마다 내가 추구해야 할 본질을 흔들림 없이 바로 잡아주는 단단한 밧줄과도 같은 책입니다.

『다가오는 말들』 by. 은유

　다양한 글쓰기 강좌와 워크숍으로 사회적 약자들의 목소리를 내는 일에 힘쓰고 계시는 은유님의 『다가오는 말들』은 일상 속에서 일어나는 것들로부터 느끼는 감정에 대한 이해와 공감, 그리고 저자의 소신을 들여다볼 수 있는 책입니다. 더 나아가 저자의 생각을 통해 나 자신에게도 질문을 던져보는 시간을 갖게 해주는 책이었습니다. 특히 이 책을 보면 '슬픔'을 다루는 부분이 있습니다. 세월호 유가족 인터뷰집 『금요일엔 돌아오렴』을 인용합니다. 저자는 이 인터뷰집을 통해 슬픔에 대하여 이렇게 이야기합니다.

　　"슬픔은 이토록 개별적이고 구체적이고 성가시고 집요하고 난데없다. 예습과 추론이 불가능하고 복습과 암기로 공부해야 하는 과목이다."
　– 은유, 『다가오는 말들』 중에서

　저는 슬픔이라는 것은 벗어나야 한다는 생각이 컸습니다. 하루빨리 슬픔에서 헤어나와 일상으로 돌아오고 다시 행복을 되찾아야만 한다고 늘 생각했지요. 그런데 저자의 이 생각을 읽으니 '꼭 그래야만 하는 건 아니구나.'라고 느꼈습니다. 당연한 것에 한 번쯤은 다른 관점으로 전환해보는 연습이 필요하다는 것, 슬픔이라는 것을 있는 그대로 온전히 느끼고 다시는 그런 일이 일어나지 않도록 준비하는 과정이라는 것을 알았어요. 더 나아가서는 내가 겪은 직접적인 슬픔이 아니더라도 우리는 아픈 사람들의 마음을 알고 소통할 필요가 있다는 것도 느끼게 해준 책이었습니다.

『죽음의 수용소에서』 by. 빅터 프랭클

의학박사 및 철학박사로 로고테라피 학파를 창시한 빅터 프랭클은 이 책을 통해 유대인으로 나치의 강제 수용소를 경험하고 그 안에서 인간 존엄성의 위대함을 몸소 체험한 내용을 다루고 있습니다. 언뜻 보면 강제 수용소의 잔인함에 대한 책으로 보일 수 있지만, 사실 이 책은 그러한 초점보다는 수용소에서의 경험을 담담한 시선으로 바라보고 그 지옥 같은 고통 속에서 오히려 인간의 의미와 의지를 심리학적인 측면으로 설명해주고 있지요. 강제 수용소라는 척박한 환경 속에 처해 있지만 정신적으로 어떤 사람이 될 것인가를 선택한다는 것은 결국 인간으로서의 존엄성을 지키는 일이라는 점을 강조합니다.

이 책에서는 의미를 찾고자 하는 의지인 로고테라피를 다루는데 이 뜻은 유일하고 개별적인 것으로 반드시 그 사람이 실현시켜야 하고, 또 그 사람만이 실현시킬 수 있음을 이야기합니다. 그렇게 해야만 의미를 찾고자 하는 자신의 의지를 충족시킬 수 있기 때문이지요. 저는 이 책을 통해 인간의 정신적 자유에 대해 생각해보는 시간을 가졌던 기억이 납니다. 빅터 프랭클이 지옥 같은 강제 수용소 안에서 인간의 정신적 자유를 놓지 않았듯이, 어렵고 척박한 환경 속에 있을지라도 그 안에서 해결해나갈 방향은 나 자신이 선택하고 결정할 수 있다는 것을 잊지 않아야 한다고 생각했습니다. 나의 삶은 내가 살아가는 것이고 결국에는 그것이 나를 위한 일이기 때문입니다.

2.

또 다른 세계의 그곳 : 소설

소설은 내가 사는 세계와는 또 다른 세계에 대한 간접 경험을 가능하게 해줍니다. 그리고 등장인물들을 통해 그들의 입장이 되어보기도 하고 나에게 생각할 수 있는 기회를 던져주지요. 제가 읽었던 소설 중 기억에 남는 세 권의 책을 소개합니다.

『파친코』 by. 이민진

　한국계 미국인 소설가인 이민진 님의 『파친코』는 4대에 거친 가족사를 역사적 흐름 속에서 다루는 책입니다. 특히 드라마로도 방영이 되면서 큰 인기를 얻었던지라 꽤 유명하지요. 저는 사실 소설을 즐겨 읽는 편은 아니지만 이 책을 읽게 되면서 소설이라는 것에 엄청난 매력을 느꼈던 기억이 납니다. 마치 드라마 한 편을 보는 듯한 느낌이 들었지요. 특히 책과 영상 두 가지로 나와 있는 것은 책을 먼저 읽어보는 것이 좋다고 생각합니다. 책으로 먼저 접하면서 등장인물의 모습과 상황들을 머릿속으로 상상해보고 그다음에 영상으로 접해보면 '아, 이 부분은 이렇게 표현이 되었구나.' 하며 연결을 시키는 경험을 할 수 있기 때문입니다.

　소설의 매력은 주인공의 감정과 상황에 이입하게 되는 데에 있는 것 같습니다. '내가 만약 주인공이라면?'이라는 생각은 늘 새로운 생각거리를 던져주지요. 이 책을 읽으면서 '선자'라는 주인공에 이입되어 같은 여자로서 느낄 수 있는 감정을 경험해보고 내가 만약 그녀라면 어떻게 했을지 고민해보기도 했었습니다. 그 당시에 살아보지는 않았지만 시대적인 상황도 간접적으로나마 느껴보는 계기가 되어준 책입니다.

『달팽이 식당』 by. 오가와 이토

　일본 현대 문학을 대표하는 여성 작가인 오가와 이토의 『달팽이 식당』
은 다양한 언어로 번역 출간된 책입니다. '린코'라는 주인공이 남자친구
에게 실연당한 뒤 가진 것 없는 채로 고향에 내려가 그토록 원망하던 엄
마를 다시 만나게 되면서 겪게 되는 일들을 담아내고 있습니다. 이 책은
엄마와 딸의 관계를 글로 풀어내어 잔잔하면서도 가슴이 먹먹해지고 또
한편으로는 나와 엄마의 관계에 대해서도 되돌아보게 해주는 책이었습
니다.

　그리고 주인공이 엄마를 향한 원망의 감정이 사실은 오해였음을 깨닫
게 되면서 '내가 틀릴 수도 있다.'라는 것을 알게 해준 책으로 기억에 남
습니다. 모든 일에는 다 이유가 있다는 점을 깨달았고, 한 번쯤은 나의
관점을 내려놓고 다른 사람의 관점에서 생각해보는 것도 내가 삶을 살아
갈 때 가져야 할 자세라는 생각이 들었지요.

『다섯째 아이』 by. 도리스 레싱

2007년 노벨 문학상을 받은 인물로 유명한 도리스 레싱의 『다섯째 아이』는 엄마의 마음을 들여다볼 수 있는 책입니다. 해리엇이라는 여자 주인공이 결혼하고 다섯 명의 아이를 낳으면서 겪게 되는 일을 다룹니다. 특히 다섯 번째 아이 벤은 생김새도 다른 아이들과 다르고 행동도 남다름을 보여 그녀의 삶에 위기가 닥치면서 그 속에서 느끼고 깨닫게 되는 점을 표현한 작품입니다.

저는 이 책을 읽고 자신만의 확고한 가치관과 아이에 대한 편견을 생각해보았던 기억이 납니다. 주인공 해리엇은 주변 사람들의 시선을 의식하지 않고 자신만의 삶을 꾸려 나가는 모습을 보이는데, '내가 만약 그녀라면 나는 과연 그렇게 할 수 있을까?'라는 생각이 들었어요. 남들과 비교하지 않고 자신만의 확고한 신념에 따라 살아가는 것이 결국 내 삶을 살아가는 원동력이 될 수 있음을 해리엇을 통해 배웠던 기억이 납니다. 그리고 외형이 다른 아이라고 해서 주변 사람들뿐만 아니라 아이의 엄마인 해리엇마저 벤을 '다른' 아이라고 생각해버린 시선과 태도가 안타까웠습니다. 의사들은 모두 아이는 문제가 없다고 진단했지만요. 결국 긴 시간을 돌고 돌아 해리엇은 자신의 아이를 이해하기 위해 노력하는 모습을 보이는데, 그 부분에서는 엄마인 저도 몰입이 되는 순간이었습니다. 다름을 인정하고 받아들이는 것이 말은 쉽지만 잘 되지 않는 것 중 하나이지요. 저는 엄마로서 '내 아이의 부족한 부분에 대해 주변 시선들로부터 과연 나는 자유로웠는가?'라는 생각이 들었습니다. 뒤돌아보니 주변을 의식하면서 나와 내 아이를 편견 안에 묶어두었던 적도 있었어요. 그리고 아이의 기질을 받아들이지 않으며 환경 탓으로 돌리기도 했다는 것을 깨달았어요. 하지만 이 책은 저에게 한 명의 아이를 고유한 기질로 받아들이고 인정하는 과정을 통해서 내 아이의 좋은 모습에 집중하고 사랑할 수 있게 해준다는 믿음을 심어주었습니다.

3

가볍게 타임슬립 : 고전

고전은 오래된 이야기이지만 현시대까지 이어진 변함없는 본질과도 같다고 생각합니다. 숱한 세월 속에서 소멸이 되지 않고 끝까지 살아남은 고전은 나를 그 시대로 순간 이동을 시켜주는 듯한 느낌을 안겨주지요. 무엇보다 저명한 인물들의 이야기를 들어볼 수 있는 멋진 기회라고 생각합니다. 그중에서 기억에 남은 고전 세 권을 소개합니다.

『어린 왕자』 by. 생텍쥐페리

　우리가 잘 알고 있는 생텍쥐페리는 사실 미술 학교에 다니며 건축 공부를 한 인물이었습니다. 그러다 군대에 입대한 뒤 비행기 수리하는 일을 하다가 조종사 자격증을 따기도 하였고, 제대 후에는 민간 항공 회사에서 근무하였으며 최초로 야간 비행을 시도한 사람으로도 유명하지요. 비행하면서 틈틈이 글 쓰는 것을 게을리하지 않았고 그 결과 1943년 『어린 왕자』가 나올 수 있었습니다. 어릴 적 동화로 읽어보았던 『어린 왕자』를 엄마가 되고 난 뒤에 다시 한 번 읽어보았습니다. 분명 어린 시절 읽었던 책이지만 익히 잘 알고 있는 유명한 문장들만 머릿속에서 맴돌 뿐 그 뜻을 곱씹어보지도 않았습니다. 하지만 어른이 되고 난 뒤 다시 읽어본 『어린 왕자』는 저에게 참 많은 의미로 다가왔습니다. 문장 하나하나가 저에게 '생각'이라는 것을 할 수 있는 기회를 던져주었고 이 책 속에서 저자가 선택한 단어들은 저의 마음을 움직이게 했던 것 같습니다. 『어린 왕자』는 어렸을 땐 느껴보지 못했던 감정을 새롭게 느끼게 해주었고 '아, 나는 어린 왕자를 제대로 읽었던 것이 아니구나.'라는 생각을 많이 했습니다. 어린 왕자의 순수함은 어쩌면 인생을 살아가며 세상과 타협하고 현실을 받아들일 수밖에 없었던 어른들이 갖고 싶은 하나의 모습일지도 모른다는 생각이 들었습니다.

『헤르만 헤세의 책이라는 세계』 by. 헤르만 헤세

독일에서 한 선교사의 아들로 태어나 어린 시절 "시인 외에는 아무것도 되지 않겠다."라는 결심으로 수도원 신학교에서 도망을 치고, 자살을 기도해 정신병원에 입원하는 등 질풍노도의 청소년기를 보냈던 헤르만 헤세. 그의 책 『헤르만 헤세의 책이라는 세계』는 헤르만 헤세의 책과 문학에 대한 에세이를 모아 엮은 책으로, '애서가'이자 '탐서가'로서의 모습을 여실히 보여주고 있습니다. 위대한 작가였던 그의 생각을 들여다볼 수 있는 책으로 우리가 살아가는 현시대에 깊은 울림을 줍니다.

"독서로 정신을 '풀어놓기'보다는 오히려 집중해야 하며, 허탄한 삶에 마음을 빼앗기거나 거짓위로에 현혹되지 말아야 한다. 독서는 우리 삶에 더 높고 풍부한 의미를 부여하는 데 일조할 수 있어야 한다."
  – 헤르만 헤세, 『헤르만 헤세의 책이라는 세계』 중에서

독서가 취미인 사람을 주변에서 흔하게 볼 수 있고, 저 또한 독서가 취미라고 생각했습니다. 그런데 이 독서가 머리를 식히기 위한 것인지, 아니면 나의 삶을 더 풍요롭게 하기 위한 것인지 생각해보게 하는 문장이

었습니다. 한때 저는 독서를 단순히 머리를 식히기 위한 휴식의 일종으로 생각했었습니다. 그런데 책을 읽으면 읽을수록 독서가 단순한 활동이 아닌 오히려 머리를 한곳에 집중하고 에너지를 쏟아야 하는 엄청난 활동이라는 것을 알았고 이 문장에 너무나도 공감했지요. 책 한 권을 읽으면서도 눈으로 따라 읽고 생각하고 필사하며 그 책을 일부라도 나의 것으로 만들어가는 과정이 독서를 더 의미 있게 해준다고 생각했습니다.

『초역 니체의 말』 by. 프리드리히 니체

19세기 활동했던 독일 철학자 니체의 생각이 담긴 『초역 니체의 말』은 마음을 다스리고, 짧고 좋은 글귀가 많아 필사하기에도 적합한 책입니다. 이 책은 열 가지 주제로 이야기를 담아냈는데 목차를 보고 지금 나에게 필요한 구절을 찾아 읽어보기에도 좋은 책입니다.

"풍요로운 대상물을 찾을 것이 아니라 자신을 풍요롭게 만들어야 한다."
– 프리드리히 니체, 『즐거운 지식』 중에서

물질과 풍요가 넘쳐나는 요즘, 내가 이 물건을 갖게 되면 풍요로워질 것 같고 이렇게 행동하면 풍요를 갖출 수 있을 것이라는 저의 생각에 돌멩이를 던지는 듯한 문장이었습니다. 나의 능력치를 높이고 성장시키면 풍요가 나에게 따라오듯이, 지금 내가 할 수 있는 선에서 최선을 다하는 것이 옳다고 생각했어요. 매일 책을 읽고 글을 쓰는 나의 루틴을 꾸준히 유지하고 더 나은 나의 모습을 위해 오늘도 한 발짝 다가가는 노력이 필요함을 다시 한번 느꼈습니다.

4.

현타 맞은 나의 육아 : 육아서

육아서는 육아하는 엄마들에게 없어서는 안 될 책이라고 생각합니다. 물론 이론과 현실은 다르지요. 하지만 육아서는 육아 전문가나 먼저 경험한 육아 선배들의 경험을 통해 배울 수 있는 점이 분명히 있습니다. 그리고 내가 아이를 육아할 때 방향을 잡아주는 나침반 역할을 해준다고 생각합니다. 제가 읽었던 육아서 중 가장 기억에 남는 책 세 권을 소개합니다.

『나의 상처를 아이에게 대물림하지 않으려면』 by. 김유라, 송애경, 송은혜, 이수연, 이지연, 조영애, 조은화

이 책은 엄마들이 모여 공저를 한 책으로, 모두 책육아의 근간 '배려 깊은 사랑'인 푸름이 교육을 실천한 엄마들의 이야기를 담고 있습니다. 엄마들의 책육아도 살펴볼 수 있지요. 저 역시 책육아를 지향하기 때문에 이 책은 저에게 '육아 바이블'과도 같은 존재입니다.

푸름이 교육에서는 아이를 키우는 일이 자신을 알아가는 성장 과정이자 축복이라고 강조합니다. 부모가 성장을 선택한 순간 아이들은 부모의 변화를 느끼고, 그러한 부모를 믿고 자신을 표현하며 자신이 좋아하는 것에 무한한 몰입에 들어간다는 것을 말하지요. 저는 아이를 사랑하기에 앞서 나 자신을 사랑하는 것이 쉬운 일이 아님을 항상 느꼈습니다. 하지만 이 책을 읽으면서 '나도 배우면서 실천하면 된다.'라는 희망을 얻었고, 나 자신을 먼저 사랑하는 일이 내 아이를 사랑할 수 있는 힘의 원천이 된다는 것을 깨달았습니다.

『엄마만 느끼는 육.아.감.정』 by. 정우열

정신건강의학과 전문의이자 두 아이를 양육하는 아빠이신 정우열 님의 이 책은 아이를 키우는 엄마들을 위한 책이라고 소개해드리고 싶습니다. 엄마라면 느낄 수 있는 불안함, 두려움, 화남 등 부정적인 감정에 대해 주로 다루면서 그러한 서툰 감정들 속에서 '나'를 알아가는 시간이 되어줍니다. 무엇보다 엄마의 인간적인 감정을 '충분히 그럴 수 있다.'라고 말하며 받아들일 수 있도록 배려해주는 책입니다.

엄마의 감정이라는 것은 겉으로 드러내지 않더라도 자연스럽게 아이에게 옮겨가지요. 감정을 다 숨길 수는 없지만 그 감정을 '적절히' 표출하는 것에 대해 고민하는 방법을 알려주기도 한 책입니다. 엄마로서 느낄 수 있는 부정적인 감정으로 인해 죄책감을 갖는 것보다는 자신만의 방법으로 감정을 풀어내는 일을 고민해야 함을 느꼈습니다.

『지랄발랄 하은맘의 불량 육아』 by. 김선미

    이 책은 제가 가장 처음에 읽었던 육아서입니다. 저자의 말투는 약간의 욕설과 반말로 언뜻 보면 불편할 수 있지만 읽다 보면 동네 언니(?) 같은 친근함이 느껴지기도 하는 책이지요. 이 책에서는 '책육아'라는 것이 무엇인지, 어떻게 해야 하는지, 무엇을 조심해야 하는지 등 아주 실질적으로 이야기를 들려줍니다. 그래서 한번 읽기 시작하면 나도 모르게 빠져드는 매력이 있고, 무엇보다 책육아로 다져진 아이와 엄마의 성장기를 현실감 있게 접해볼 수 있습니다. 저는 이 책을 통해 책육아를 지향하게 되었고 지금까지도 책육아를 할 정도로 저의 육아에 있어서 중요한 기준이 되어주고 있습니다.

아이와 엄마 모두를 위한 책 : 그림책

그림책은 보통 아이들을 위한 책이 많습니다. 물론 요즘에는 어른들을 위한 그림책이 보이기도 합니다. 하지만 저는 아이들을 위한 그림책이어도 어른에게 깊은 울림을 줄 수 있다고 생각합니다. 아이의 책을 통해 위로받기도 하고 마음이 따뜻해질 수 있었던 그림책 세 권을 소개합니다.

『엄마의 의자』 by. 베라 윌리엄스

이 책의 주인공인 여자아이는 엄마 그리고 할머니와 함께 살아갑니다. 엄마는 식당에서 일을 하시고 그곳에서 팁으로 받은 잔돈을, 아이는 가끔씩 생긴 돈의 절반을, 할머니는 물건들을 싸게 살 때마다 남은 돈을 모아두었다가 커다란 유리병 안에 차곡차곡 채웁니다. 동전을 모으는 이유는 아늑한 안락의자를 사기 위함입니다. 전에 살던 집에 큰불이 나서 옛날에 쓰던 의자들이 모두 불에 타버렸기 때문입니다.

한순간에 집과 많은 것을 잃었지만, 주인공의 가족과 그들의 이웃을 통해 따뜻한 배려를 배우게 되는 책입니다. 내용은 어떻게 보면 단순하고 누구나 겪을 수 있는 이야기이지만 그것을 받아들이고 헤쳐나가는 모습 속에서 사람과 사람 사이의 정을 느낄 수 있고, 아이에게 그림책을 읽어주는 내내 잔잔한 미소가 지어지는 책이었습니다.

『무지개 물고기와 흰수염고래』 by. 마르쿠스 피스터

물고기들이 모여 사는 평화로운 곳에 어느 날, 흰수염고래가 나타납니다. 어느 한 물고기는 흰수염고래를 보고 날을 세우는 모습을 보이지요. 그리고 끊임없이 의심합니다. 왜 저렇게 자신들을 뚫어져라 쳐다보는 것인지, 도대체 무슨 꿍꿍이속인지, 더욱이 고래의 커다란 입을 보고는 자신들이 먹을 크릴까지 몽땅 먹어 치울 것 같다며 걱정하지요. 그러던 중 고래와 물고기들이 충돌하게 되는 상황이 벌어지고 그 사건을 계기로 갈등을 겪게 됩니다. 하지만 무지개 물고기는 용기를 내어 흰수염고래에게 다가가 화해하기로 마음을 먹습니다. 둘은 오랫동안 이야기를 나누고 서로 오해를 한 것임을 깨닫게 되면서 다 함께 새로운 터전을 찾아 떠납니다.

무지개 물고기 시리즈는 너무나 유명한 책이지요. 이 책은 저희 아이들뿐만 아니라 저도 참 좋아하는 책입니다. 특히 『무지개 물고기와 흰수염고래』는 자신을 되돌아보고 인간관계에 도움을 주는 아주 멋진 책이라고 생각합니다. 우리는 살면서 많은 오해와 갈등을 겪게 됩니다. 어떻게 보면 사람이 함께 살면서 갈등은 필수 불가결한 것일지도 모르겠습니다.

갈등을 겪다 보면 나의 생각과 행동에 대해 돌아보게 되고 대처하는 방법을 배울 수 있지요. 이 책은 그림책이지만 어른인 저에게도 한때 오해하고 부끄럽게 행동했던 지난날을 떠올리며 반성해보는 시간을 갖게 해주었습니다.

『책 먹는 여우』 by. 프란치스카 비어만

책을 너무나도 사랑한 나머지 책을 냠냠 먹어 치우기까지 하는 여우 아저씨의 재미있는 이야기가 담긴 책입니다. 여우 아저씨는 책에서 지식을 얻고 허기도 채우는데, 워낙 식성이 좋아서 먹어도 먹어도 여전히 배가 고픈 모습을 보입니다.

"뱃속에 책을 쏘옥쏙 집어넣으면 넣을수록 먹고 싶은 마음도 쑤욱쑥 더 자라났어요."
– 프란치스카 비어만, 『책 먹는 여우』 중에서

이 책에서 작가는 '책을 먹는다는 것'을 뱃속과 마음을 채우는 것으로 아주 재미있게 표현하고 있습니다. 심지어 여우 아저씨는 서점에 있는 책을 훔쳐 먹다가 감옥에 가게 되고, 더 이상 책을 읽을 수 없게 된 아저씨는 급기야 자신이 직접 글을 쓰기 시작합니다. 그리고 나중에 그 원고는 베스트셀러가 되어 출판사까지 차리게 되지요.

책을 사랑하는 마음에 대하여 아이들의 시각에서 이해하기 쉽게 잘 표현되어 있고, 어른에게도 책에 대한 열린 마음을 전달해주는 책이라는 점에서 좋은 책이라고 생각합니다.

지금 내가 하는 독서 습관이 알게 모르게 나의 삶에 들어와 흔적을 남깁니다.

그러니 느리더라도 조금씩 나에게 '스며드는' 독서로 나의 하루를 채우면 좋겠습니다.

Chapter 5

엄마의 변화 :
내 인생을 바꾼 독서의 힘

1.

현실로 바뀌는 긍정 확언

긍정 확언을 해본 적이 있으신가요? 사실 저는 '긍정 확언을 한다고 해서 뭐가 달라질까?'라는 생각에 확신보다는 의심을 더 많이 했던 것 같습니다. 독서를 다루는 책에서 '갑자기 웬 긍정 확언이지?'라는 생각이 들수 있겠지만, 저에게는 긍정 확언과 독서는 마치 절친한 친구와도 같은 관계입니다. 항상 붙어 다니는 사이처럼요. 책을 읽다 보면 저자의 이야기를 통해 배우고 싶은 부분이 생깁니다. 그것을 실천하기 위해 배우고 이루고자 하는 것을 긍정 확언으로 나의 머릿속에 채웁니다. 그리고 그것을 이루려는 노력을 하나씩 더해가지요. 내가 한 긍정 확언을 이루어질 때까지 계속합니다. 사실 긍정 확언을 해서 무언가를 이룬다는 것은 반은 맞고 반은 틀린 말일 수 있습니다. 그 이유는 긍정 확언이라는 것이 내가 이루고자 하는 것을 '이루었다'라고 생각하는 것인데, 아무 의미 없이 마치 주문을 외우듯이 확언해나가는 것은 사실 도움이 되지 않는 것 같습니다. 긍정 확언을 한다면 내가 확언을 한 것이 이루어지기 위한 어느 정도의 노력이 뒷받침되어야 하기 때문입니다. 너무나 당연한 말이지만 노력이 따를 때 조금이라도 내가 원하는 결과에 다다를 수 있는 것이지요.

『나는 된다 잘된다』의 저자 박시현 님은 그의 책에서 이렇게 말합니다.

"우리는 어떤 형태로든 강한 믿음을 갖고 있다. 믿음은 거대한 진실이 된다. 믿음이 인격, 행동, 감정을 만든다. 인간은 자기가 믿는 것만이 진실이라고 여기기 때문에 그 믿음을 증명하는 삶을 살게 된다."
– 박시현, 『나는 된다 잘된다』 중에서

이 책에서 말하길, 마음 상태에 따라 달라지는 신경 회로는 폐쇄 회로인데 이 폐쇄 회로의 특징은 입력된 특정 정보만 확인할 수 있도록 만들어졌다고 합니다. 그래서 부정적 마음에 한번 빠지기 시작하면 헤어나오기가 어려운데, 이 사실은 결국 우리가 단지 긍정적인 믿음이 부족해서 부정적인 생각을 하는 것이 아닌 안전을 위해 부정적 생각을 더 강하게 믿는 것이라는 점을 말해줍니다. 반대로 내가 지금 '부정'이 아닌 '긍정'을 생각으로 선택한다면 긍정에 대한 믿음을 더 강하게 해줄 수 있는 것이지요.

내가 원하는 인생이 있다면 바로 지금 이 순간에도 내가 하는 말에 확신을 담는 것이 중요합니다. 이루어지지 않을 것이라는 부정의 생각보다 반드시 이루어진다는 긍정의 생각을 나의 머릿속에 채우는 것이 내가 꿈꾸는 인생에 조금 더 다가가는 일입니다. 저는 평소 이 말을 머릿속으로 정말 많이 되뇝니다.

'괜찮다. 모두 다 괜찮다.'

내가 겪고 있는 상황이 조금은 답답할지라도 나는 조금씩 나아지고 있다는 생각으로 나의 머릿속을 지배해버리면 그것을 위해 내가 아주 조금만 행동으로 옮겨도 그 긍정의 생각에는 날개가 달려 현실을 향해갑니다. 아이를 낳고 우울증으로 모든 것이 바닥으로 치달았던 제 인생의 어두웠던 날들. 헤어나올 수 없을 것 같았지만 결국 저는 살아남았습니다.

그렇게 되기까지는 수없이 읽었던 책들과 수없이 선택했던 긍정의 순간들이 있었습니다. 아무리 인생은 현실이라지만, 책 속에서는 늘 한결같이 긍정을 선택하도록 이끌었습니다. 그 저자들도 분명 같은 현실을 살아온 사람들이건만 어쩜 이렇게 나와 다른 생각을 할 수 있는지에 대해 적지 않은 충격을 받기도 했습니다. 그래서 실천했습니다. 부정이 아닌 긍정을 선택하겠다고. 그래서 매일 새벽 나를 향한 긍정의 말들을 적어 나갑니다. 긍정으로 나의 머릿속을 채우는 그 시간은 분명 어제보다 조금 더 나은 나를 만들어주고 있다고 느낍니다.

그리고 오늘도 저는 이렇게 확언합니다.

'모두 다 괜찮다. 나는 모든 면에서 조금씩 나아지고 있다. 다 잘된다.'

꿈을 현실로 만들어내는 자기 확신의 힘을 지닌 긍정 확언으로 하루를 시작해보길 바랍니다. 일어나지 않은 일에 대한 불안과 의심을 내려놓고, 나를 믿고 내가 원하는 현실을 향해 조금씩 다가가는 것입니다. 저는 오늘, 내가 선택한 긍정으로 나의 하루를 채워갑니다. 내가 한 선택이 나의 하루를 만들어낸다는 것을 알기 때문입니다.

2.

새벽은 나를 위한 선물

2022년 4월 새벽 기상을 시작했습니다. 그전까지만 해도 저는 자기계발에 열정적인 사람들은 모두 한 번쯤은 해본다는 '미라클 모닝'의 '미' 자도 사실 몰랐습니다. 그런데 한 블로그 포스팅 온라인 모임을 통해 새벽 기상 모임이 있다는 것을 알았고, 모집 글을 읽어보니 '이거다.' 싶었습니다. 고민은 5분이면 충분했습니다. 하루 종일 쉼 없이 육아하는 엄마로서, 내 시간을 미치도록 갖고 싶은 저에게 새벽은 작은 희망으로 보였습니다.

우울로 힘들었던 시기, 그동안 많이 극복해왔지만 마음속에 공허함으로 가득했던 그때 저는 모두가 잠들어 있는 새벽 4시에 일어나 조용히 책을 읽고 글을 썼습니다. 아무도 나를 찾지 않는 고요한 그 시간이 좋았습니다. 그러다 보니 내 생각도 조금씩 정리가 되어갔고, 나조차 잘 알지 못했던 나의 마음을 조금은 알 것 같았습니다. 그때 새벽의 맛을 본 저는 어느덧 1년째 새벽을 맞이하고 있습니다.

새벽 3시 45분, 진동 알람에 잠에서 깨어납니다. 이불 속에 잠시 머무르다가 4시가 되면 조용히 일어나 방문을 열고 나옵니다. 화장실에 가서 양치를 하고 간단하게 씻은 후 정수기에서 미지근한 물 한 컵을 받아 천천히 마십니다. 아침으로 먹을 간단한 음식과 커피를 들고 부엌 식탁에 앉아 루틴을 시작합니다. 식탁에는 전날 밤 세팅해놓은 노트북과 독서대, 펜 그리고 책들이 놓여 있습니다. 그날의 필사를 하고 읽은 책에 대한 내 생각을 적어 블로그에 포스팅합니다. 그리고 신문을 읽습니다. 아이들이 깨기 전까지 여유가 된다면 요가와 명상, 그리고 독서를 합니다. 중간에 아이들이 저를 소환하는 날도 있습니다. "엄마!!"라고 부르는 소리에 혹여나 잠이 더 깨버릴까 하는 마음에 부리나케 방으로 달려가 아이를 토닥토닥 다시 재우지요. 가끔은 아이를 다시 재우다가 저도 잠이 들어버리기도 합니다. 그래도 새벽 4시에 일어나 하루를 시작한 나를 칭

찬합니다. 가끔 새벽 기상을 놓치는 날도 있습니다. 오랜만에 친정이나 시댁에 내려갔거나 여행을 갔을 때는 새벽을 내려놓고 가족에 집중하기도 하지요. 그래도 괜찮다고 생각합니다. 또다시 내일의 새벽을 지키면 되니까. 다시 일어서면 되니까. 다 괜찮다고 생각합니다.

2022년 12월을 끝으로 아쉽게도 새벽 기상 모임이 끝이 났습니다. '내가 혼자서 계속 잘할 수 있을까? 다른 모임을 찾아봐야 하나?'를 고민했지만, 그동안 해온 것을 토대로 혼자서 해보기로 마음을 먹었습니다. 그리고 2023년이 되어서도 저는 여전히 새벽에 깨어 있습니다. 해가 바뀌어도 특별히 새로운 것 없이 내가 원하고 해오던 것들을 묵묵히 해나가는 것이 내 중심을 바로잡고 오로지 나 자신을 위한 일이라는 것을 느낍니다. 그렇기에 나에게 주어진 새벽 시간에 그 누구보다 감사한 마음으로 나를 위해 책을 읽고, 나를 위해 글을 쓰고 명상을 하며 몸과 마음을 가꾸어갑니다.

꼭 새벽이 아니더라도 자신을 위해 시간을 내는 일은 꼭 필요하다고 생각합니다. 나에게 숨 쉴 수 있는 틈을 주어 오롯이 나를 위한 때에 감사하는 마음을 갖고, 그 순간에 책을 통해서 나를 다독여갔으면 좋겠습니다.

3.

소비 다이어트

'이번 주에 돈을 이렇게나 많이 썼다니!! 도대체 어디에서 돈이 이렇게 새어나가는 거야?!'

육아, 독서, 새벽 루틴 등으로 나를 돌보며 내면을 다져가면서도 주마다 쓴 생활비를 계산해보면 늘 이런 생각이 들었습니다. 가계부를 쓸 때마다 자꾸 어딘가 구멍이 난 듯한 기분이었지요. '내가 돈을 너무 헤프게 쓰는 건가? 난 진짜 필요하다고 생각해서 산 것들인데.'라는 생각이 들면서 자꾸만 빠져나가는 생활비, 채워지지는 않는 허무함 등으로 마음 한

구석에 늘 왠지 모를 찝찝함이 자리하고 있었습니다.

사실 저는 고백하건데 겉모습을 치장하는 것에 의외로(?) 관심이 많았습니다. 겉보기에 화려하게 꾸미는 스타일은 아니지만, 두고두고 오래 입을 수 있는 비싸고 좋은 재질의 옷을 좋아했지요. 백화점에 가서 치장하는 데에 돈을 막 쓰고 다닌 것은 아니지만 그래도 씀씀이가 적은 편은 아니었던 것 같습니다. 그런데도 계절이 바뀌고 옷장을 보면 왜 항상 입을 옷이 없는 것처럼 느껴지는지 참 아이러니했습니다.

"본질이 아닌 것 같다면 놓는 용기도 필요합니다."
– 박웅현, 『여덟 단어』 중에서

제가 정말 좋아하는 박웅현 님의 책을 읽다가 발견한 문장입니다. 본질에 대한 내용을 읽고 있었는데, 순간 뒤통수를 세게 한 대 맞은 듯한 느낌이 들었습니다. 박웅현 님이 콕 집어 소비에 대해 말한 것은 아니었지만, 그 문장이 저에게는 마치 '네가 하는 그 소비가 너한테 도움이 되는 본질이니?'라고 묻는 것 같았지요. 사실 제 발에 발등 찍힌다는 게 이럴 때 쓰는 표현일까 싶었습니다. 그 후로 나한테 진짜 도움이 될 것이 무엇인지를 중심에 놓고 생각해보기로 마음먹었습니다.

온라인 쇼핑몰에서 예쁜 옷을 보다가도 '내가 이 옷이 없으면 입을 옷이 없나?'라고 생각하고 옷장을 뒤져보면, 놀랍게도 그것과 비슷한 옷들이 한 벌, 아니 두 벌 세 벌 나오는 놀라운 광경을 목격한 날이 있었습니다. 정말 피부에 잘 맞는다는 화장품 광고를 보면 '나도 이걸 쓰면 피부가 더 좋아 보이지 않을까?'라는 생각이 불쑥 들어 결제 버튼을 누를까 하다가도 냉큼 화장대를 뒤적거려 그것과 비슷하게 구매해서 실패했던 여러 화장품들을 보고는 결제 창을 꺼버리기도 했습니다. 그렇게 깨달은 것은 그동안 내가 했던 소비들 중에서는 충동적으로 구매한 것들이 정말 많았고 합리적인 소비를 하지 못했다는 것이었습니다.

'그래, 이건 아니야. 변하지 않는 본질, 본질을 생각하자.'

그렇게 마음을 먹고 저는 몸무게 다이어트가 아닌 '소비 다이어트'를 하기 시작했습니다. 저의 소비 다이어트의 원칙은 세 가지입니다. 첫째, 정말 필요한 것인지 혹은 남에게 보이려는 욕심 때문은 아닌지 고민하고 구매하기. 둘째, 필요한 것도 한꺼번에 몰아서 결제하지 않기. 마지막 셋째, 겉으로 보이는 모습에 집중하지 않고 단단한 내면에 집중하기입니다. 그렇게 원칙을 정한 이후로 저는 내면에 도움이 되는 책 이외에 나에게 지금 없고 정말 필요한 물건인지를 최소한 3일에 걸쳐 생각한 후 구매했습니다. 식비도 냉장고에 해 먹을 재료가 없을 때까지 꼼꼼하게 재료를 다 쓴 후에 장을 보았습니다. 그렇게 엉뚱하게 돈이 새어 나가는 일이 없도록 계획했습니다. 그리고 정말 중요한 것 중 하나가, 꼭 필요한데 고액이 드는 경우라면 예전 같았으면 부담이 적다는 이유로 쉽게 할부로 카드를 긁어버렸을 텐데 이제는 그러지 않으려 했습니다. 신중하게 고민 후 꼭 써야 하는 돈이라면 최대한 현금으로 결제하고 할부 금액을 없애갔습니다. 그런 노력 끝에 매달 카드 값 중 3분의 1이나 차지하던 할부금을 조금씩 없애갈 수 있었지요.

"본질은 삶을 대하는 데 있어 잊어서는 안 되는 아주 중요한 단어입니다. 우리가 본질적으로 가져가야 할 것이 무엇일까요? 오늘이 그것에 대해 고민하는 하루가 되길 바랍니다. - 돈을 따라가지 말고 내가 뭘 하고 싶은지 내 실력은 무엇인지 어떤 것을 할 수 있는지를 고민해보고 그것을 따라가세요."

– 박웅현, 『여덟 단어』 중에서

더 이상 소비로 인해서 마음이 무겁지 않습니다. 본질에 대한 책을 읽으며 스스로 원칙을 세우고 소비를 시작한 결과였습니다. 부담되지 않는 선에서 소비하고, 그럴수록 나의 내면은 더욱 단단해져가고 있음을 느낍니다. 위 문장처럼 저는 오늘도 내 인생에서의 본질을 생각하면서 하루하루를 만들어갑니다. 진정한 의미의 경제적 자유를 꿈꾸며.

4.

몸과 마음을 돌보는 하루 10분 루틴

책을 통해 마음을 단단하게 잡아가면서 자연스럽게 몸의 건강에 대해
서도 생각하게 되었습니다. 그래서 1년 전부터 작게나마 시작한 것이 있
습니다. 운동하기 위해 헬스장이나 요가 학원을 다니는 것은 저에게 잘
맞지 않았고 무엇보다 유지하기가 어려웠습니다. 그래서 '최소한 이거라
도 하자.'라는 생각으로 시작한 것이 바로 하루 10분 요가입니다. 유튜브
영상을 통해 매일 새벽 루틴을 끝마칠 때 요가로 몸을 깨우고 잠에서 일
어난 아이들을 맞이합니다. 그렇게 루틴을 유지한 지 벌써 1년이라는 시
간이 되었습니다. 운동하기 위해서 장소를 정하고 긴 시간을 내었더라면

아마 끈기가 부족한 저로서는 금방 포기했을지도 모르겠습니다. 이 핑계 저 핑계를 대며 소홀했을 수도 있지요. 하지만 아주 최소한으로 몸과 마음을 돌보는 루틴을 계획하니 '이 정도쯤이야.'라는 생각에 매일 할 수 있었고, 그게 벌써 365일 요가라는 결과를 가져다주었습니다.

그리고 요가와 더불어 새벽에 일어나서 제일 먼저 하는 것이 명상입니다. 제가 명상을 시작하게 된 계기는 한 심리 에세이를 읽은 것입니다. 그 책의 저자는 자신의 경험담을 들려주며 명상의 좋은 점에 대해 알려주었습니다. 그 책을 통해 '나도 한번 해볼까?'라는 생각이 들었지요. 저는 처음에 명상이라고 하면 눈을 감고 가만히 있는 것 이외에 아는 것이 하나도 없었습니다. 그래서 명상이라는 것을 좀 더 알아보기 위해 검색해서 찾아보았습니다. 그러다 우연히 명상 전문가인 채환 님을 알게 되었습니다. 유튜브에서도 명상 채널을 운영하고 있어서 한번 둘러보았는데, 하루 10분씩도 할 수 있는 명상 영상들이 많이 있었습니다. 그래서 그 채널을 구독하면서 명상을 시작하게 되었지요.

"명상이란, 그저 그 자리에서 깨어 있는 마음 상태를 뜻합니다. 어디에서, 누구와 무엇을 하든 내가 있는 자리에서 깨어 있으면 된다는 뜻입니다."

– 채환, 『인생을 바꾸는 100일 마음 챙김』

명상에 있어서는 '깨어 있다.'라는 것이 중요하다고 말합니다. 깨어 있고 지켜봄으로 인해 어떤 상황에 휩쓸리지 않고 스스로가 찰나의 주인이 되어 그 순간을 지켜보는 것이지요. 감정을 이입시키기보다는 멀리 떨어져 3인칭 관찰자의 시점으로 바라보는 것입니다. 실제로 『오늘도 예민하게 잘살고 있습니다』의 저자 송지은 님은 명상을 시작하면서부터 내 안에서 불쾌감이 올라올 때 그걸 스스로 인식할 수 있게 되었다고 합니다. 스스로 자신의 감정을 인식한다는 것은 그 감정에 휩쓸리지 않은, 어떻게 보면 초연의 상태가 아닐까 생각이 듭니다. 내가 나의 감정을 인지하고 알아차리는 것이 바로 명상의 힘이라는 것이지요. 저도 주변에 많이 흔들리고 쉽게 상처받곤 했는데 명상을 알게 된 이후로 내 감정을 더 차분히 바라보게 되었던 것 같습니다. 감정에 이입되어 흔들리기보다 나의 감정 알아차리기를 명상의 기본으로 삼고 그 결과를 글로 나타내는 연습을 하기도 합니다. 그 단계를 거치면 무언가 속 시원하게 '뻥' 하고 해결되는 듯함을 느끼기도 했습니다.

요가와 명상은 저의 하루에서 절대 빠질 수 없는 루틴이 되었습니다. 긴 시간을 내지 않더라도 매일 꾸준히 하다 보니 나의 몸과 마음을 돌볼 수 있는 것이자 나를 다시 일으켜 세워주는 힘이 되어주기도 합니다. 그 힘으로 내면에 집중하는 '나', 아이들을 위해 육아하는 '엄마'라는 사실은 오늘 하루도 나 자신을 충분히 빛나게 해줍니다. 오늘 하루 단 10분이라도 내가 할 수 있는 선 안에서 바쁘고 지친 나의 몸과 마음을 돌보는 루틴을 시작해보는 것은 어떨까요?

5.

독서를 남기다

책을 읽고 나서 정리하기 위해서는 기록을 해두는 것이 가장 효율적이라는 생각에 매일 블로그에 읽은 책에 대한 리뷰를 작성하고 있습니다. 제 유튜브에도 가끔 꼭 추천하고 싶은 책이 있으면 리뷰를 영상으로 만들어 올리면서 읽은 책을 기억하고 생각을 정리해서 기록하고 있지요. 이것은 나를 위한 독서 기록법이면서 동시에 다른 사람들에게도 책을 소개하고 추천할 수 있는 좋은 기회가 되고 있습니다. 다른 사람들에게 도움이 될 수 있다고 생각한 이유는 저 역시 책을 구매하기 전에 고민이 되는 경우, 먼저 읽은 사람의 리뷰 글을 읽고 결정할 때가 많기 때문입니다. 그래서 내가 읽은 책을 기록해둔다면 내 생각도 정리가 되고 다른 사람들에게도 도움이 된다는 것을 잘 알고 있습니다. 읽은 책에 대한 기록은 나중에 내가 다시 읽었을 보았을 때와 다른 사람들이 읽었을 때 도움이 될 수 있는 부분들을 중심으로 작성합니다. 먼저 책의 제목과 저자에 대한 소개 글을 간략하게 요약해서 적습니다. 그리고 목차를 사진으로 찍어 함께 첨부하지요. 목차는 책에서 가장 중요한 부분이라고 생각하기 때문에 꼭 함께 기록해두고 있습니다. 간혹 목차가 매우 긴 경우가 있어 되도록 사진으로 찍어 기록합니다. 그리고 목차가 어떻게 구성이 되어 있는지 간략하게 기록하고 전체 줄거리를 한두 줄로 요약합니다. 그다음 가장 기억에 남는 부분이나 내가 도움을 받았던 부분을 세 개 또는 네 개 정도로 선정해서 정리합니다. 여기서 중요한 것은 기록하는 문장과 함께 꼭 나의 일화나 들었던 생각과 느낀 점을 함께 적는 것입니다. 기억해두고 싶은 문장에 내 생각을 곁들여야 보다 오래 기억할 수 있고 나에게 남을 수 있다고 생각합니다. 그리고 저자의 생각과 내 생각이 더해지면서 사고를 확장시키는 기회가 될 수 있습니다. 마지막으로는 책을 읽은 후 실천할 것을 꼭 한 가지씩 생각하고 기록합니다. 이때 중요한 것은 실천할 것이라고 해서 굉장히 거창한 것을 계획하기보다는 아주 사소한 것이라도 좋으니 내가 현실 속에서 진짜로 실천이 가능한 것을 생각해보는 것입니다. 책 한 권을 통해 내가 얻을 수 있고 내 삶에 적용할 것을 생각해보는 과정은 꼭 필요하다고 생각합니다. 독서를 한다면 아주 작은 것이라도 내가 얻는 것이 있어야 합니다. 소설책 한 권을 읽더라도 등장하는 주인공의 말과 행동을 통해 배울 점을 얻기도 합니다. 자기계발서는 정보 전달이 많다 보니 기억해 두고 싶은 부분이 아주 많을 수도 있지요. 어떤 분야가 되었든지 간에 내가 실천할 수 있는 아주 작은 것을 한 가지라도 생각해보아야 합니다. 읽은 책을 정리하고 기록하는 시간은 책 한 권 속 내용을 일부라도 나의 것으로 만드는 데 꼭 필요한 과정입니다. 그냥 책을 가볍게 읽는 것이 나쁜 것은 아니지만 좀 더 책과 친해지고 싶고 독서를 깊이 있게 하고 싶다면 읽은 책을 기록으로 남겨두는 것이 생각보다 많은 도움이 됩니다. 처음에는 책 읽기도 버거운데 기록까지 하는 것이 귀찮게 느껴지고 미루게 될 수 있습니다. 위와 같은 과정을 꼭 똑같이 하지 않더라도 책의 제목과 목차 그리고 내 기억에 남는 부분과 그것에 대한 내 생각 정도만 간단하게 적어두어도 좋습니다. 그리고 이 과정이 익숙해지면 실천할 것을 생각해보고 나에게 적용을 해보는 등 점점 확장시키는 것이지요. 꾸준히 기록하다 보면 자기만의 방법이 생기고 습관이 자리 잡을 것입니다. 그때는 분명 처음 독서를 시작했을 때와는 다르게 또 다른 의미의 독서를 할 수 있을 것이라고 생각합니다.

나에게 숨 쉴 수 있는 틈을 주어 오롯이 나를 위한 때에 감사하는 마음을 갖고,

그 순간에 책을 통해서 나를 다독여갔으면 좋겠습니다.

'엄마'라는 이름으로만 머물기엔 너무나 아쉬운 당신에게

아이를 낳고 키운 지 어느덧 7년의 시간이 되었습니다. 길다면 길고 짧다면 짧은 시간이지요. 첫째 아이를 임신하고 심한 입덧으로 직장을 그만두게 되면서 경력 단절의 시간도 저의 육아 시간과 똑같이 흘렀습니다. '다시 일을 할 수 있을까?', '나는 평생 엄마로만 살게 되는 건 아닐까?'라는 생각이 불쑥불쑥 들었습니다. 엄마로서 느끼는 행복도 분명 있지만 늘 반복되는 육아로 알 수 없는 허탈감이 파도치듯 밀려오곤 했습니다. 하지만 제 인생의 큰 고비를 겪으면서 저를 바라보는 아이들과 남편을 생각하며 정말 지독하게 버텼던 것 같습니다. 다 놓아버리고 싶을 때도 있었지만, 이내 정신을 차리게 만든 것은 내 곁에 있는 가족이었습니다. 그들을 위해 내가 변해야 한다는 생각에 죽도록 노력했던 것 중 하나가 바로 독서였습니다. 그 당시 심리에 관한 책을 붙들고 읽으면서 수

없이 생각하고 고민하기를 반복하며 1년이라는 시간을 보냈습니다. 그때 읽었던 책들이 오늘의 나를 만들었다고 해도 과언이 아닐 정도로, 그 힘으로 인하여 저는 지금 이 곳, 이 시간에 존재하고 있다고 생각합니다.

책과는 너무도 거리가 멀었던 저입니다. 책 한 권 읽기는 고사하고 일단 책이라는 것 자체에 관심이 없었습니다. 가끔은 그때의 저를 후회합니다. '더 이전부터 책을 읽었더라면, 더 많은 책들을 읽을 수 있었을 텐데.'라고요. 하지만 지금이라도 알게 되었으니 다행이라며 마음을 토닥입니다. 육아하는 전업맘이지만, 내 아이들을 지키기 위해서 먼저 나를 지키고 변화해야 한다는 생각에 책을 읽었습니다. 그리고 책은 변화될 나를 위해서도 필요한 것이라는 생각에 책을 손에서 놓지 않았습니다. '엄마'라는 이름으로만 머물기에는 나 자신이 너무나 아깝다고 생각했기 때문입니다.

그 이후로도 저는 하루하루를 책을 통해 얻게 되는 정보와 지식 그리고 지혜와 가치로 나의 머리와 마음속을 채워나갑니다. 그렇게 다듬어진 내가 아이를 키우게 되는 것이지요. 이것이 엄마가 책을 읽어야 하는 가장 중요한 이유입니다. 아이들과 있다 보면 기쁘고 행복한 순간들이 참 많지만, 아이들에게 화를 내게 되는 때도 있습니다. 화를 낸 다음에는 그 감정을 주체하지 못하고 '나는 진짜 못된 엄마야.'라며 나 자신을 채찍질하고 죄책감에 빠집니다. 엄마도 사람이고 감정이 있으니 그럴 수 있다는 것을 그때는 잘 몰랐습니다. 더 슬픈 것은 그런 나의 마음을 알아주고 진심으로 위로해주는 사람은 아무도 없다는 것이었습니다. 아무리 가까운 남편도, 부모님도 내가 아닌 이상 나의 마음을 다 알지도 못할 뿐더러 그들에게 나의 감정들을 하나하나 이해받을 수도 없는 노릇이니까요. 하지만 책 속에서는 너무나 자세하게 엄마의 감정을 다루고 나를 다독여주었습니다. 그저 지나가는 사람이 하는 말이 아니라 그 분야에서 인정받은 육아 전문가 혹은 아이를 먼저 키워보고 느낀 선배 엄마들이 하나부터 열까지 200페이지가 넘는 책을 통해 아주 상세하게 들려주었습니다. 저에게는 육아서뿐만 아니라 심리학책도 그러했습니다. 그렇게 책을 통해 나의 내면을 조금씩 단단하게 채워갔습니다. 이제는 아이들에게 화를 내게 되면 감정을 가라앉힌 다음 엄마의 화로 불안을 느꼈을 아이들에게 화를 냈던 이유를 들려주고 화를 낸 행동에 대해 꼭 미안하다고 표현합니다. 그리고 안아주어요. 엄마의 이야기를 들은 아이는 끄덕이며 그제야 안심한 표정을 짓습니다. 가끔은 그런 저의 마음을 아는지 반대로 저를 자신의 작은 품 안에 따뜻하게 안아주기도 합니다. '우리 엄마가 그래서 그랬구나. 엄마가 미안하다고 말하니 내 마음도 조금씩 나아져.'라고 생각하는 것 같습니다. 그렇게 아이와 엄마가 서로를 다독이는 힘은 엄마의 단단한 마음에서 시작되는 것입니다.

평범한 날도 있지만, 때로는 무너지는 날도 있습니다. 하지만 무너져도 다 괜찮다는 것을 이제는 알고 있습니다. 다시 일어서면 되니까요. 다시 시작하면 되니까요. 사랑하는 아이가 내 곁에 있으니 못 할 것 없는 사람이 바로 '엄마'라는 존재입니다. 책을 통해 엄마인 나 자신을 먼저 돌아보고 감싸 안아주세요. 그리고 그 힘으로 내 아이도 따뜻하게 안아주도록 해요. 분명 아이는 그런 엄마의 마음을 느끼고, 아이 역시 단단한 내면이 자라게 될 것이라고 믿어요.

책에 '진심'인 어느 한 평범한 엄마가 들려드린 이 이야기가 누군가의 마음을 조금이나마 움직였기를 바랍니다. 당신의 책 읽는 시간을 응원합니다.

오늘도 꿈꾸는 엄마 백진경 드림

부록

1. 나만의 독서법

1) 문장을 읽는다.

2) 와닿는 문장에 밑줄을 긋거나 동그라미를 치며 표시해둔다.

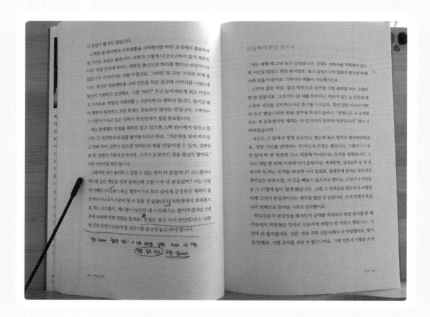

엄마표 현실 독서법

3) 남기고 싶은 문장이라면 나만의 문장 노트에 옮겨 적는다.

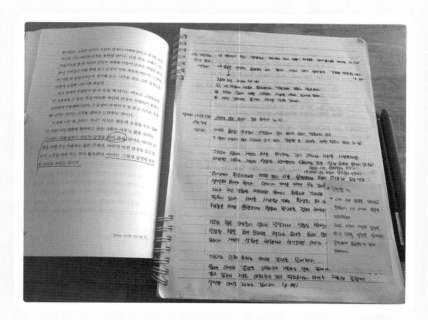

4) 그 문장에 대한 내 생각을 빨간색 펜으로 적는다.

① 내 의견에 대해 합리적이고 객관적인 접근과 필요하고...
② 인간과 삶에 대한 이해와 사랑을 가지고 있어야 한다.
③ 어떤 경우에도 끝까지 매너를 지킬 것이다.

(엄마와 아이를 위한
이음 5절기
엄마 5절기)
· 아이의 불안한 생각들이 어리숙해 정서 싫다고 해서 당황하지 않고,
  그 생각이 머무르지 않고 스쳐지나 갈수 있게 담담한 듯 아이를 대할 필요가 있다 (p.

· 아이가 엄마가 자신의 요구를 무시하는 것이 아니라 자신을 사랑하지만
  타당한 이유로 자신의 행동을 받아들이지 않는다는 것을 알게 해야 한다.
                                        무엇이 나를 불편하게 하는가?
· 아이에게 휘둘리지않으면 어떤 것이 나를 불편하게 해서 이렇게 되는거도
  생각해 보아야 한다. 아이가 떼를 쓰며 우는 것이 싫어서,
  그리고 그런 상황을 피하고싶 싫어서 휘둘리는 거라면 진지하게 고민해 볼
  필요가 있다. 아이를 사랑할 때는 확실히 해 주고, 아이가 잘못된
  행동을 하면 분명하게 행동의 한계를 정해 주어야 한다. (p. 36)

· 의외로 많은 아이들이 엄마가 담담하게 상황을 받아들이고 감정적으로
  안정된 모습을 보여 준다면 별다른 문제를 보이지 않는다
  엄마가 자신의 상황을 괜찮다고 생각하면 아이도 괜찮게 되는 것이다 (p.

· 아이도 이해 못하는 아이의 감정을 읽어 주자.
  엄마는 아이의 감정을 비춰주는 거울과도 같은 존재라 아이가 어떤 감정을
  갖고 있는지 그것을 비춰주는 것이 필요하다. 아이는 그렇게 감정에
  솔직한 아이로 자라는 것이다 (p. 88)

212   엄마표 현실 독서법

5) 마지막으로 내 삶에 적용해서 실천할 것을 생각해보고 메모지에 적

　어 수시로 읽는다.

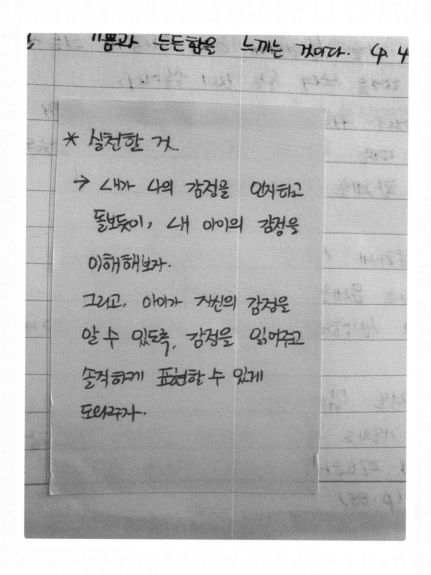

2. 읽은 책에 대한 짧은 에세이 작성하기

책 제목 :『고전 읽기 독서법』

저자 : 임성훈

날짜 : 2022.7.7. (목)

내용 : p.59 필사는 철저한 모방입니다. 동시에 철저한 창조과정입니다. 필사는 창의적인 아웃풋을 이끌어 내는 기초가 됩니다.

생각 메모 :

어렵게만 느껴졌던 필사였다. 필요성도 느끼지 못했다. 하지만 막상 해보니 '생각'이라는 걸 하게 된다. 그 글을 쓴 저자의 입장이 되어보고, 거기에 나의 생각을 더하는 과정. 새로운 무언가가 만들어지는 느낌이다. 이것을 내 아이와 해본다면? 분명 큰 도움이 될 것이다. 아직 글자 쓰기가 어려운 아이에게는 어떻게 적용해볼 수 있을까? 내가 먼저 아이에게 들려주고 싶은 문장을 골라 적은 다음 아이에게 읽어주자. 그리고 생각을 이야기로 나누어보자. 시간이 흐르다 보면 함께 필사할 수 있는 날이 올 것이고, 함께하는 즐거움도 느낄 수 있을 것 같다.

2022. 7. 8 (금)

P. 59 고전 독서 교육법 3
연결 독서로 무한확장하라

✓ 연결 독서를 하여서 독서의 재미에 푹 빠질 수 있습니다.
연결 독서의 경험을 통해 아이들에게 평생 독서 습관을 길러줄 수 있습니다.

✓ 주제연결 / 인물연결 / 작가 중심으로 확장 / 사전과 도감 활용 /
다른 관점의 작품 비교 / 독서에서 다른 활동으로 연결

고전 독서 교육법 4
필사하라.

✓ 필사의 5가지 효과
1) 잠재력을 깨우고 창의성을 이끌어낼 수 있다
2) 저자에게 온전히 집중해 조용히 내면과 대화하는 시간을 가질 수 있다
3) 책의 내용을 가장 잘 이해할 수 있다.
4) 어휘력을 폭발적으로 늘릴 수 있다.
5) 잡념이 사라지고 집중력이 높아진다

✓ 필사는 철저한 모방입니다. 동시에 철저한 창조과정입니다.
필사는 창의적인 아웃풋을 이끌어내는 기초가 됩니다.

➡ 안 해봐서 느껴보지 못한 필사였다. 필사효과도 느끼지 못했다. 하지만 막상 해보니
'생각'이라는 걸 하게 된다. 그 글을 쓴 저자의 입장이 되어보고,
거기에 나의 생각을 더하는 과정. 새로운 무언가가 만들어지는 느낌이다.
이것을 내 아이와 해본다면? 분명 큰 도움이 될 것이다.
아직 글자쓰기가 어려운 아이에게는 어떻게 적용해 볼 수 있을까?
내가 먼저 아이에게 들려주고 싶은 문장을 골라 적은 다음 아이에게 읽어주
그리고 생각을 이야기로 나누어 봐. 시간이 흐르다보면 함께 필사할 수 있
날이 올 것이고, 함께하는 즐거움도 느낄 수 있을 것 같다

책 제목 :『이러지도 저러지도 못하는 당신에게』

저자 : 김주원

날짜 : 2022.10.26. (수)

내용 : p.67 내가 선택한 것에 대한 책임을 져야 하는 순간 불안은 커진다.

생각 메모 :

아이가 태어남과 동시에 선택의 기로에 항상 놓이는 것 같다. 여러 상황들 중에서도 쉽게 결정하지 못하는 나를 발견한다. 그 이유는 아마도 내가 어떤 선택을 했을 때 잘못 선택한 일일까 봐 불안하고 걱정이 되기 때문인 것 같다. 하지만 아무리 고민을 해보아도 나의 마음이 원하는 일이라면 그것이 맞는다는 말처럼, 내가 원하지 않는 길을 걷는 것보다 내가 원하는 길을 걷기 위해 어느 정도 불안을 떠안는 게 낫다는 것을 기억하자. '불안'이라는 감정을 인정하고 받아들이자.

책 제목 : 『초역 니체의 말』

저자 : 프리드리히 니체

날짜 : 2022.12.9 (금)

내용 : p.24 풍요로운 대상물을 찾을 것이 아니라 자신을 풍요롭게
　　　만들어야 한다.

생각 메모 :

　풍요의 대상을 찾는 것에 몰두했던 때가 떠오른다. 내가 이 물건을 갖게 되면 풍요로워질 것 같고, 이렇게 행동하면 풍요를 갖출 수 있을 것이라고 생각했다. 하지만 이 문장을 읽으면서 나의 내면에서 풍요로움을 찾고 자신의 능력을 높이는 것에 집중해야 한다는 것을 느낀다.

　나의 능력치를 높이고 성장시키면 풍요가 나에게 따라온다. 지금 내가 할 수 있는 선에서 최선을 다하는 것이다. 매일 책을 읽고 글을 쓰자. 이 루틴을 유지하면서 나의 꿈에 오늘도 한 발짝 다가가는 노력을 하자. 다른 대상에서 풍요를 끌어당기지 말자. 풍요는 나에게서 나온다. 나 자신을 풍요로 이끌자.

3. 집 안 곳곳에서 공간을 활용하는 방법

1) 집 안에서 내가 주로 활동하는 곳이 어디인지 생각해본다.

2) 틈새 공간을 활용할 것이므로 큰 책장이 없어도 괜찮다.

   시중에서 판매되고 있는 작은 책꽂이나 낮은 바구니를 준비한다.

3) 식탁이나 조리대 한켠, 아이들 책장, 옷장 위 등 내 손이 뻗어 닿는

   곳에 책을 놓아둔다.

4) 내 손이 뻗어 닿는 곳에 늘 책이 있도록 환경을 유지한다.

4. 환경 구성 사진

1) 〈거실 및 부엌〉

주로 아이들과 함께 있는 곳이니 육아서와 실용서 위주로 놓아두었다.

2) 〈안방〉

잠자기 전 읽기 좋은 잔잔한 에세이 위주로 놓아두었다.

엄마표 현실 독서법

3) 〈옷방〉

– 아이들의 회전 책장에서 아이들 책은 꺼내기 쉽게 맨 아래 배치하

고, 맨 윗칸에 엄마의 소설책을 꽂아두었다.

엄마표 현실 독서법

– 옷방 수납장 안 칸막이에도 엄마의 책들을 꽂아두었다.

4) 〈현관 앞 복도〉

 – 아이들 책을 꽂아둔 책장 맨 윗칸에 엄마의 책꽂이를 놓아두고 자
  기계발서와 필사책을 놓아두었다.

엄마표 현실 독서법

5. 엄마의 성장을 위한 추천 도서 목록

〈마음을 위한 책〉

1. 아이와 엄마의 마음

전소민, 『엄마의 기분이 아이의 태도가 되지 않게』, 미다스북스, 2022

정우열, 『아이 키우는 엄마들에게 건네는 육아』, 서랍의날씨, 2022

정우열, 『엄마니까 느끼는 감정』, 서랍의날씨, 2020

김유라, 송애경, 송은혜 공저 외 4명, 『나의 상처를 아이에게 대물림하지
　　　않으려면』, 한국경제신문사, 2021

앨리스 밀러, 『천재가 될 수밖에 없었던 아이들의 드라마』, 양철북, 2019

이연진, 『내향육아』, 위즈덤하우스, 2020

박혜란, 『믿는 만큼 자라는 아이들』, 나무를심는사람들, 2019

박혜란, 『다시 아이를 키운다면』, 나무를심는사람들, 2019

다나카 시게키, 『내가 들어보지 못해서, 아이에게 해주지 못한 말들』, 길
　　　벗, 2020

박우란, 『딸은 엄마의 감정을 먹고 자란다』, 유노라이프, 2020

이지영, 『엄마의 소신』, 서사원, 2020

김소정, 『엄마와 아이를 위한 마음챙김』, 글라이더, 2021

이자벨 필리오자, 『엄마의 화는 내리고, 아이의 자존감은 올리고』, 푸른
        육아, 2019

최희수, 『푸름아빠 거울육아』, 한국경제신문, 2020

최희수, 『사랑하는 아이에게 화를 내지 않으려면』, 푸른육아, 2016

조영애, 『당신을 위한 육아 나침반』, 프로방스, 2021

이고은, 『나의 직업은 육아입니다』, 프로방스, 2021

2. 엄마의 마음

박웅현, 『여덟 단어』, 북하우스, 2022

박웅현, 『문장과 순간』, 인티N, 2022

김다슬, 『기분을 관리하면 인생이 관리된다』, 클라우디아, 2022

코르넬리아 슈바르츠, 슈테판 슈바르츠, 『당신은 타인을 바꿀 수 없다』,
        동양북스, 2020

양창순, 『담백하게 산다는 것』, 다산북스, 2018

정혜신, 『당신이 옳다』, 해냄, 2018

미즈시마 히로코, 『유리멘탈을 위한 심리책』, 갤리온, 2021

송지은, 『오늘도 예민하게 잘살고 있습니다』, 사우, 2018

문요한,『관계를 읽는 시간』, 더퀘스트, 2018

허지원,『나도 아직 나를 모른다』, 김영사, 2020

사라 윌슨,『내 인생, 방치하지 않습니다』, 나무의철학, 2019

박석현,『다산의 마지막 편지』, 모모북스, 2023

프리드리히 니체,『차라투스트라는 이렇게 말했다』, 미래지식, 2022

〈육아를 위한 책〉

1. 놀이

지에스더,『공부머리가 자라는 집안일 놀이』, 유아이북스, 2021

신희재,『환이맘의 엄마표 놀이육아』, 동양북스, 2020

서안정,『세 아이 영재로 키운 초간단 놀이 육아』, 푸른육아, 2013

2. 훈육

오은영,『어떻게 말해줘야 할까』, 김영사, 2020

윤지영,『엄마의 말 연습』, 카시오페아, 2022

가토 다이조,『아이의 자존감이 자라는 엄마의 말』, 푸른육아, 2017

니콜라 슈미트, 『형제자매는 한 팀』, 지식너머, 2019

아델 페이버, 일레인 마즐리시, 『싸우지 않고 배려하는 형제자매 사이』, 푸른육아, 2014

3. 학습

방종임, 『자녀교육 절대공식』, 위즈덤하우스, 2023

짐 트렐리즈, 신디 조지스, 『하루 15분 책 읽어주기의 힘』, 북라인, 2020

이재익, 김훈종, 『서울대 아빠식 문해력 독서법』, 한빛비즈, 2021

박민근, 『아이를 바꾸는 책읽기』, 중앙북스, 2013

지에스더, 『엄마표 책육아』, 미디어숲, 2020

최희수, 『배려 깊은 사랑이 행복한 영재를 만든다』, 초록아이, 2023

최희수, 『아이 내면의 힘을 키우는 몰입 독서』, 초록아이, 2023

최희수, 『푸름이 이렇게 영재로 키웠다』, 푸른육아, 2011

서안정, 『영재레시피』, 푸른육아, 2015

서안정, 『엄마 공부가 끝나면 아이 공부는 시작된다』, 한국경제신문사, 2019

서안정, 『결과가 증명하는 20년 책육아의 기적』, 2020

김선미, 『지랄발랄 하은맘의 불량육아』, 알에이치코리아, 2020

김선미, 『십팔년 책육아』, 알에이치코리아, 2019

김윤희, 『달팽이 책육아』, 푸른육아, 2017

이상화, 『두려움 없이 뚝심 있게 오직, 책!』, 스노우폭스북스, 2019

이상화, 『하루나이 독서』, 푸른육아, 2014

박민하, 『우리아이 완벽한 읽기 독립』, 창조와 지식, 2020

김종원, 『하루 한마디 인문학 질문의 기적』, 다산북스, 2020

양민정, 『그림책과 유튜브로 시작하는 5·6·7세 엄마표 영어의 비밀』, 소울하우스, 2018

이은미, 『하루 10분 엄마표 영어』, 예문아카이브, 2018

김은영, 『어느 날 아이가 영어로 말을 걸어왔다』, 치읓, 2022

고광윤, 『영어책 읽기의 힘』, 길벗, 2020

배성기, 『현서네 유튜브 영어 학습법』, 넥서스, 2020

이성원, 『보통 엄마를 위한 기적의 영어 육아』, 길벗, 2020

이임숙, 『4~7세보다 중요한 시기는 없습니다』, 카시오페아, 2021

오가와 다이스케, 『거실 공부의 마법』, 키스톤, 2018

4. 심리

롤프 젤린, 『예민한 아이의 특별한 잠재력』, 길벗, 2016

이보연, 『첫째 아이 마음 아프지 않게, 둘째 아이 마음 흔들리지 않게』,

　　교보문고, 2018

〈자기 계발을 위한 책〉

최선미, 『책을 브런치로 먹는 엄마』, 한울림, 2021

짐 퀵, 『마지막 몰입』, 비즈니스북스, 2021

임성훈, 『고전 읽기 독서법』, 리드리드출판, 2020

조우관, 『엄마 말고 나로 살기』, 청아출판사, 2018

최정윤, 『엄마를 위한 미라클 모닝』, 빌리버튼, 2022

지에스더, 『엄마의 새벽 4시』, 책장속북스, 2022

정연우, 『시간 부자의 하루』, 시간으로부터의자유, 2022

박시현, 『나는 된다 잘된다』, 유노북스, 2020

김병완, 『초서 독서법』, 청림출판, 2019

조던 B. 피터슨, 『12가지 인생의 법칙』, 메이븐, 2023

팀 페리스, 『타이탄의 도구들』, 토네이도, 2022

수전 케인, 『콰이어트』, 알에이치코리아, 2021

헤르만 헤세, 『헤르만 헤세의 책이라는 세계』, 뜨인돌, 2022

조성희, 『뜨겁게 나를 사랑한다』, 생각지도, 2021

조성희, 『뜨겁게 나를 응원한다』, 생각지도, 2021

〈도움받은 책들〉

1. 나태주, 『엄마가 봄이었어요』, 문학세계사, 2022

2. 프리드리히 니체, 『차라투스트라는 이렇게 말했다』, 미래지식, 2022

3. 짐 퀵, 『마지막 몰입』, 비즈니스북스, 2021

4. 김병완, 『초서 독서법』, 청림출판, 2022

5. 채환, 『인생을 바꾸는 100일 마음 챙김』, 중앙books, 2022

6. 송지은, 『오늘도 예민하게 잘살고 있습니다』, 도서출판 사우, 2018

7. 박시현, 『나는 된다 잘된다』, 유노북스, 2020

8. 황농문, 『몰입』, 알에이치코리아, 2020

9. 박웅현, 『여덟 단어』, 북하우스, 2022